建筑电气工程与电力系统及自动化技术研究

满高华◎著

中国商务出版社

·北京·

图书在版编目（CIP）数据

建筑电气工程与电力系统及自动化技术研究 / 满高
华著 . -- 北京 : 中国商务出版社，2024.8. -- ISBN
978-7-5103-5242-3

Ⅰ. TU85；TM76

中国国家版本馆 CIP 数据核字第 2024QV3799 号

建筑电气工程与电力系统及自动化技术研究

满高华　著

出版发行：中国商务出版社有限公司

地　　址：北京市东城区安定门外大街东后巷 28 号　　邮 编：100710

网　　址：http://www.cctpress.com

联系电话：010—64515150（发行部）　010—64212247（总编室）
　　　　　010—64515164（事业部）　010—64248236（印制部）

责任编辑：徐文杰

排　　版：北京盛世达儒文化传媒有限公司

印　　刷：星空印易（北京）文化有限公司

开　　本：710 毫米 ×1000 毫米　　1/16

印　　张：13　　　　　　　　　字　　数：203 千字

版　　次：2024 年 8 月第 1 版　　　印　　次：2024 年 8 月第 1 次印刷

书　　号：ISBN 978-7-5103-5242-3

定　　价：79.00 元

我国的建筑行业发展迅速，建筑市场的竞争也日益加剧。要想在激烈的市场竞争中站稳脚跟，建筑企业就需要最大限度地保证建筑电气工程的整体安装质量。另外，建筑电气工程安装在施工中会遇到很多问题，而哪一个环节有问题都会给电气工程的整体施工质量带来严重影响。为此，要想保证建筑电气工程安装的质量水平，施工单位需要采取有效的措施，同时要明确电气工程安装技术的要点，引进大量的先进技术。

电力系统是由发电厂、送变电线路、供配电所和用电等环节构成的电能生产与消费系统。它的功能是将自然界的一次能源通过发电动力装置转化成电能，再经输电、变电和配电将电能供应到各用户。为实现这一功能，电力系统在各个环节和不同层次还具有相应的信息与控制系统，对电能的生产过程进行测量、调节、控制、保护、通信和调度，以保证用户获得安全、优质的电能。

本书是一本全面覆盖建筑电气工程、电力系统及自动化技术的理论与实践应用的书籍。本书从建筑电气基础出发，详细探讨了供电线路、照明系统、防雷与接地、建筑消防系统等，并对电力系统的稳定性、能源利用，电气控制与PLC控制技术、智能化楼宇、自动化控制系统的应用做了较为详细的论述，力图在技术的深度和广度上都有拓展。同时，对于新兴技术如物联网在建筑电气领域的应用进行了前瞻性分析，旨在推动建筑电气工程技术向更高层次发展。本书适合电气工程师、建筑设计师、系统集成商以及电力系统分析师等专业人士阅读参考，对提升建筑电气设计和电力系统管理的现代化、智能化水平具有重要意义。

作 者

2024 年 2 月

Contents

目录

第一章

建筑电气工程理论

第一节　建筑电气概述

一、建筑电气的定义

建筑电气是指各种电气、电子设备所建立的为建筑物和人类服务的用电系统和电子信息系统。

建筑电气系统包括电力系统和智能建筑系统两部分。

（一）电力系统

电力系统指电能分配供应系统和所有电能使用设备及与建筑物相关的电气设备，主要用于电气照明、采暖、通风、运输等。向各种电气设备供电需要通过供配电系统，一般是从高压或中压电力网取得电力，经变压器降压后，用低压配电柜或配电箱向终端供电。有的建筑物还自备发电机或有应急电源设备。对于供电不能间断的设备，需要配备不间断电源设备。

供配电设备包括变配电所、建筑物配电设备、单元配电设备、电能计量设备、户配电箱等。

电能使用设备包括电气照明、插座、空调、热水器、供水排水、家用电器等。

为了保证各种设备安全可靠运行，电力系统需要采取防雷、防雷击电磁脉冲、接地、屏蔽等措施。

（二）智能建筑系统

智能建筑是指利用系统集成方法，将计算机技术、通信技术、信息技术与建筑艺术有机结合，通过对设备的自动监控、对信息资源的优化组合，所获得的投资合理、适合信息社会需要并且具有安全、高效、舒适、便利和灵活特点的建筑物。这一定义对我们更多地认识和了解智能建筑有很大帮助。而在国外，对于智能建筑的解释是："智能建筑"就是高功能大楼，是有效地利用现代信息与通信设备，采用楼宇自动化技术高度综合管理的大楼。

1. 建筑物自动化系统

建筑物自动化系统包含建筑物设备的控制系统、家庭自动化系统、能耗计量系统、停车库管理系统，以及火灾自动报警和消防联动控制、安全防范系统等。安全防范系统又分为视频监控系统、出入口控制系统、电子巡查系统、边界防卫系统、访客对讲系统。住宅中一般都安装了包括水表、电表、燃（煤）气表、热能（暖气）表的远程自动计量系统。

2. 通信系统

通信系统包括电话系统、公共（有线）广播系统、电视系统等。

3. 办公自动化系统

办公自动化系统包含计算机网络、公共显示和信息查询装置，是为物业管理或业主和用户服务的办公系统。办公自动化系统可分为通用和专用两种。住宅中一般都安装了住户管理系统、物业维修管理系统。

二、电气基础知识

智能建筑是在建筑平台上实现的，脱离了建筑这个平台，智能建筑也就无法运行。建筑电气系统是现代建筑实现智能化的核心，它在整个建筑物功能的发挥、建筑的布局、结构的选择、建筑艺术的体现、建筑的灵活性以及建筑安全保证等方面，都起着十分重要的作用。建筑电气信号系统是建筑电气系统中专门用于传输各类信号的弱电系统。智能建筑中弱电系统的设备、缆线安全必须由电气技术，如电源技术、防雷与接地技术、防谐波技术、抗干扰技术、屏蔽技术、防静电技术、布线技术、等电位技术等来支持方可奏效。建筑电气信号系统主要有消防监测系统、闭路监视系统、计算机管理系统、共用电视天线系统、广播系统和无线呼叫系统等。

（一）电路基础知识

1.电路组成

电路由电源、负载和中间环节组成。常见负载有电阻器、电容器和电感器。

（1）电阻器

电阻是导体的一种基本性质，与导体的尺寸、材料、温度有关。电阻在电路中具有降低电压、电流的作用。

电阻器是用导体制成的具有一定阻值的元件。电阻器的种类很多，通常分为碳膜电阻、金属电阻、线绕电阻等。此外，还有固定电阻、可变电阻、光敏电阻、压敏电阻、热敏电阻等。

电阻的符号是"R"。

电阻的单位为欧姆（Ω），常用单位有 Ω（欧）、kΩ（千欧）、MΩ（兆欧）等。

（2）电容器

电容指电容器的两极间的电场与其电量的关系。

电容器由两个金属极及其中间夹的绝缘材料（介质）构成。绝缘材料不同，所构成的电容器的种类也不同。

①电容器按结构可分为固定电容、可变电容、微调电容。

②按介质材料可分为气体介质电容、液体介质电容、无机固体介质电容、有机固体介质电容和电解电容。

③按极性可分为有极性电容和无极性电容。

我们最常见到的极性电容是电解电容。

电容在电路中具有隔断直流电、通过交流电的作用，因此常用于级间耦合、滤波、去耦合、旁路及信号调谐。

电容的符号为"C"。

（3）电感器

电感是指导体产生的磁场与其电流的关系。在电路中，当电流经过导体时，会产生电磁场，电感是衡量线圈产生电磁感应能力的物理量。给一个线圈通入电流，线圈周围就会产生磁场，线圈所围的区域中就有磁通量通过。通入线圈的电流越大，磁场就越强，通过线圈的磁通量就越大。实验证明，通过线圈的磁通量和通入的电流是成正比的，它们的比值称自感系数，也叫电感。如果通过线圈的磁通量用 Φ 表示，电流用 I 表示，电感用 L 表示，那么 $L = \Phi/I$。

能产生电感作用的元件统称为电感元件，常常直接简称为电感器。

①电感器按导磁体性质可分为空芯线圈、铁氧体线圈、铁芯线圈、铜芯线圈。

②按工作性质可分为天线线圈、振荡线圈、扼流线圈、陷波线圈、偏转线圈。

③按绕线方式可分为单层线圈和多层线圈。

电感的作用是阻交流通直流、阻高频通低频（滤波）。

电感的符号为"L"。

2. 电路中的物理量

电路中常用的物理量有电压、电流和电功率。

（1）电压

电压（U）为两点电位差。各点电位与参考点有关。

（2）电流

导体中的电荷运动形成电流，计量电流大小的物理量也叫电流。电流为单位时间内通过导体横截面的电量（Q）。电流的方向为正电荷运动的方向，即由电源正极流出，回到负极。

（3）电功率

电功率（户）表示电能的瞬时强度。一个元件消耗的电功率等于该元件两端所加的电压与通过该元件电流的乘积，即 $P = UI$。

3. 欧姆定律

欧姆定律用于表示电路中电压、电流和电阻的关系。

（1）一般电路的欧姆定律

设一个电阻（R）上的电压为 U，流过的电流为 I，则各量之间的关系为 $I = U/R$ 或 $U = IR$，这就是欧姆定律。

（2）全电路欧姆定律

全电路欧姆定律表示电源电动势与负载两端电压和电源内阻上电压之间的关系，即电源电动势等于负载两端电压与电源内阻上的电压之和。

（二）电源

电源是供给用电设备电能的装置。电能可以分为直流电能和交流电能。

1. 直流电能

直流电的方向不会随着时间而改变，所以比较稳定，现在电子设备中必须有的一个功能特点，就是良好的稳定性，直流电产生的磁场是比较稳定的，所以经常被用于一些比较重要的控制系统，如变电站、移动通信基站等。

蓄电池就是一种直流电源，它的基本参数包括电压（如 2V、6V、12V 等）、容量（如 65Ah、100Ah 等）。

2. 交流电能

交流电指供电的电压或电流是随时间有规律变化的电源。它可以通过变压器进行改变，但是直流电却不能实现这一点，所以在长距离的电能输送中，我们是采用交流电，我们学过物理就会知道，长的电缆会使电阻变大，从而产生很大的能量损耗，所以一定要加大输出的电压，这样就能减少损耗。最后，在终端可以通过变压器将高电压转化成比较合适的电压，交流电的理想波形是正弦波。

（1）正弦交流电

正弦交流电的电压或电流随时间变化而按照正弦函数规律做周期性变化。正弦交流电的电压或电流有瞬时值：幅值和有效值。

（2）交流电的参数

该参数主要有周期、频率、角频率、相位。

①周期。交流电的周期（T）指完成一个循环所需要的时间，单位为 s。

②频率。交流电的频率（f）指交流电每秒变化的周期数，单位为 s 或 Hz。

③角频率。交流电的角频率（s）为每秒变化的弧度，单位为 rad/s。

④相位。在交流电中，相位是反映交流电在某一时刻的状态的物理量。交流电的大小和方向是随时间变化的。

3. 交流电路

电源的电动势随时间做周期性变化，使得电路中的电压、电流也随时间做周期性变化，这种电路叫作交流电路。如果电路中的电动势电压、电流随时间做简谱变化，该电路就叫简谱交流电路或正弦交流电路，简称正弦电路。

4. 交流电源

交流电源是现代词，是一个专有名词。三相稳压器实际就是把三个稳压单元用"Y"形接法连接在一起，再用控制电路板和电机驱动系统来控制调压变压器，达到稳定输出电压的目的。如果三个调压变压器的滑臂都是由一个电机来驱动的，则为统调稳压器，如果三个调压变压器的滑臂由三个电机分别调整，就是三相分调式稳压器。它们的工作原理同单相的稳压器完全相同。

5. 电源质量

近年来，电力网中非线性负载逐渐增加，如变频驱动或晶闸管整流直流驱动设备、计算机、重要负载所用的不间断电源（UPS）、节能荧光灯系统等，这些非线性负载将导致电网污染，电力品质下降，引起供用电设备故障，甚至引发严重火灾事故等。世界上一些建筑物的突发火灾事故已被证明与电力污染有关。

电力污染及电力品质恶化主要表现在电压波动及闪变、谐波、浪涌冲击、三相不平衡等方面。下面重点介绍前两者。

（1）电压波动及闪变

电压波动是指多个正弦波的峰值在一段时间内超过（低于）标准电压值，大约从半周期到几百个周期，即从 10ms ~ 2.5s，包括过电压波动和欠电压波动。普通避雷器和过电压保护器完全不能消除过电压波动，因为它们是用来消除瞬态脉冲的。普通避雷器在限压动作时有相当大的电阻值，考虑到其额定热容量（焦耳），这些装置很容易被烧毁，而无法提供保护功能。这种情况往往很容易被忽视，这是导致计算机、控制系统和敏感设备故障或停机的主要原因。欠电压波动是指多个正弦波的峰值在一段时间内低于标准电压值，如通常所说的晃动或降落。长时间的低电压可能是由供电公司或用户过负载造成的，这种情况可能是事故现象也可能是计划安排。更为严重的是失压，失压大多是由配电网内重负载的分合造成的，如大型电动机、中央空调系统、电弧炉等的启停以及开关电弧、熔丝烧断、断路器跳闸等。

闪变是指电压波动造成的灯光变化对人的视觉产生的影响。

（2）谐波

交流电源的谐波电流是指其中的非正弦波电流。电源谐波是指对周期性非正弦波电量进行数学分解，除了得到与电网基波频率相同的分量，还得到一系列大于电网基波频率的分量，这种正弦波称为谐波。

电源污染会对用电设备造成严重危害，主要危害有以下几种。

①干扰通信设备、计算机系统等电子设备的正常工作，造成数据丢失或死机。

②影响无线电发射系统、雷达系统、核磁共振等设备的工作性能，造成噪声干扰或图像紊乱。

③引起电气自动装置误动作，甚至发生严重事故。

④从供电系统中汲取谐波电流会迫使电压波形发生畸变，如果不加以抑制，就会给供电系统的其他用户带来麻烦。它会使电气设备过热、加大振动和噪声、加速绝缘老化、缩短使用寿命，甚至发生故障或烧毁。它将给电缆、变压器及电动机带来问题，如中性线电流过大还会造成灯光亮度的波动（闪变），影响工作

效益，导致供电系统功率损耗增加。

三、电力系统概述

（一）电力系统的组成

发电厂是将一次能源转换为电能的工厂。按照一次能源的不同，可分为火力发电厂、水力发电厂、核能发电厂、风能发电厂和太阳能发电厂等。

发电厂发出的电能通过变电所、配电所转变为适当的电压进行输送，以便减少线路输送损耗。变电所有升压变电所和降压变电所等。输送电能的电力线路有输电线路和配电线路。电能最后被送到用户处，用于动力、电热、照明等。

（二）对电力系统的要求

对电力系统的要求是其要具有可靠性和经济性。可靠性指故障少、维修方便。要达到经济性，可以采用经济运行，如按照不同季节安排不同发电厂、适当调配负荷、提高设备利用率、减少备用设备等。

（三）电力系统的参数

电力系统的参数有电力系统电压、频率。目前我国电力系统电压等级有220V、380V、3kV、6kV、10kV、35kV、220kV、500kV 等。我国电力系统的额定频率为 50Hz。

（四）建筑物供电

建筑物的供电方式有直接供电和变压器供电两种。

①直接供电用于负荷小于 100kW 的建筑物。由电力部门通过公用变压器，直接以 220V/380V 供电。

②对于规模较大的建筑物，电力部门以高压电源或中压电源，通过专用变电所降为低压供电。按照建筑物规模可以设置不同的变压器。如一般小型民用建

筑，可以用 10kV/0.4kV 变压器；较大型民用建筑，可以设置多台变压器；而大型民用建筑则采用 35kV/10kV/0.4kV 多台变压器。

（五）变电所、配电所类型

变电所分为户外变电所、附属变电所、户内变电所、独立变电所、箱式变电所、杆台变电所等。

配电所有附属配电所、独立配电所和变配电所等。

四、电子信息系统概述

（一）电子信息系统的定义及构成

电子信息系统是按照一定应用目的和规则对信息进行采集、加工、存储、传输、检索等处理的人机系统，由计算机、有（无）线通信设备、处理设备、控制设备及其相关的配套设备、设施（含网络）构成。

信息技术指信息的编制、储存和传输技术。

（二）信号的形式、参数及电平

1. 信号形式

一般来说，信号有模拟信号和数字信号两种形式。

（1）模拟信号

模拟信号指信号幅值可以从 0 到其最大值随时间连续变化的信号，如声音信号。

（2）数字信号

数字信号指信号幅值随时间变化，但是只能为 0 或其最大值的信号，如数字计算机的信号。

因为模拟信号的处理比较复杂，所以常将其转化为数字信号再进行处理。

2. 信号参数

信号参数有周期、频率、幅值、位、传输速率等。

（1）周期

周期指信号重复变化的时间，单位为秒（s）。

（2）频率

频率指信号每秒变化的次数，单位为赫兹（Hz）。

（3）幅值

幅值指数字信号的变化值。

（4）位

数字信号的幅值变化一次称为位。

（5）传输速率

数字信号的传输速率单位为位/秒（bit/s）、千位/秒（kbit/s）、兆位/秒（Mbit/s）。

3. 信号电平

无线信号从前端到输出口，其功率变化很大。这样大的功率变化范围在表达或运算时都很不方便，通常用分贝来表示。系统各点电平即该点功率与标准参考功率之比的对数，也叫"分贝比"。分贝用"dB"表示。

（1）分贝毫瓦（dBm）

规定 1mW 的功率电平为 0 分贝，写成 0 dBm 或 0 dBms。不同功率下的 dBm 值可进行简单换算。

（2）分贝毫伏（dBmV）

将在 750 阻抗上产生 1mV 电压的功率作为标准参考功率，电平为 0 分贝，写成 0 dBms。

（3）分贝微伏（dBμV）

将在 750 阻抗上产生 1p 电压的功率作为标准参考功率。

（4）每米分贝微伏（dBV/m）

在表示信号电场强度（简称场强）大小时常用 dBV/m，它指开路空间电位差，在每米 $1\mu V$ 时为 0dB。如在城市中接收甚高频和特高频的电波场强为 3.162mV/m。

（5）功率通量密度

对于空间中的电波，人们感兴趣的是信号场强和功率通量密度。由于接收点离卫星或者广播电视发射塔很远，因此可以近似地把广播电视的电波看成平面电磁波。

（三）电子器件

电子器件有电子管和半导体等。目前常用的是半导体电子器件。

电子管是一种真空器件，它利用电场来控制电子流动。

半导体是一种利用电子或空穴的转移作用，产生漂移电流或扩散电流而导电的材料。它的导电功能是可以控制的。半导体有本征半导体和杂质半导体两种。

1. 半导体器件

常用的半导体器件有二极管、三极管、场效应管和晶闸管等。

（1）二极管

二极管是利用半导体器件的单向导电性能制成的器件。二极管一般用作整流器。

（2）三极管

三极管是利用半导体器件的放大性能制成的器件，它有三个极，分别为发射极、基极和集电极。三极管一般用作放大器。

（3）场效应管

场效应管是利用电场效应控制电流的半导体器件，又称为单极型晶体管。

（4）晶闸管

晶闸管是利用半导体器件的可控单向导电性能制成的器件。一般作为可控整流器。

2. 集成电路

集成电路是用微电子技术制成的二极管、三极管等的集成器件，具有比较复杂的功能。集成电路按照器件类型可分为以下两类。

（1）双极型晶体管—晶体管逻辑电路（TTL）

因为该电路的输入和输出均为晶体管结构，所以称为晶体管—晶体管逻辑电路。

（2）单极型金属氧化物半导体

简称单极型（MOS），按照集成度可分为四类：小规模集成电路、中规模集成电路、大规模集成电路、超大规模集成电路。

按照功能可分为以下两类。

①集成运算放大器。采用集成电路的运算放大器，可以将微弱的信号放大。

②微处理器。具有中央处理器、存储器、输入／输出装置等功能的集成电路。

3. 显示器件

常用的显示器件有以下三种。

（1）半导体发光二极管

半导体发光二极管是一种将电能转换为光能的电致发光器件。

（2）等离子体显示器

等离子体显示器是利用气体电离发生辉光放电的原理进行工作的器件。

（3）液晶显示器

液晶显示器是利用液晶在电场、温度等变化下的电光效应的器件。

五、计算机概述

作为 20 世纪最重要的技术成果之一，计算机技术在人们的日常生活中无处不在，成为各行各业技术人员不可或缺的工具。在计算机大量普及与计算机网络高度发展的今天，计算机的应用已经渗透到社会、生活的各个领域，有力地推动了信息社会的发展。

（一）电子计算机

电子计算机是利用电子器件进行逻辑运算的设备。电子计算机有模拟和数字两种。目前常用的是数字计算机。数字计算机是目前人机交互作用和进行数据处理的主要设备，一般采用二进制。

1. 计算机的分类

（1）按计算机的原理划分

从计算机中信息的表示形式和处理方式（原理）的角度划分，计算机可分为数字电子计算机、模拟电子计算机和数字模拟混合式计算机三大类。

在数字电子计算机中，信息都是以 0 和 1 两个数字构成的二进制数的形式，即不连续的数字量来表示。在模拟电子计算机中，信息主要用连续变化的模拟量来表示。

（2）按计算机的用途划分

计算机按其用途可分为通用机和专用机两类。

①通用计算机：适于解决多种一般性问题，该类计算机使用范围广泛，通用性较强，在科学计算、数据处理和过程控制等多种用途中都能使用。

②专用计算机：用于解决某个特定方面的问题，配有专为解决某问题的软件和硬件。

（3）按计算机的规模划分

计算机按规模即存储容量、运算速度等可分为七大类：巨型机、大型机、中型机、小型机、微型机、工作站和服务器。

巨型计算机即超级计算机，它是计算机中功能最强、运算速度最快、存储容量最大的一类，多用于国家高科技领域和尖端技术研究，是国家科技发展水平和综合国力的重要标志。巨型计算机的运算速度现在已经超过了每秒千万亿次，如中国人民解放军国防科学技术大学研制的"天河"、曙光公司研制的"星云"。

大、中型计算机运算速度快，每秒可以执行几千万条指令，有较大的存储空间。

小型计算机主要应用在工业自动控制、测量仪器、医疗设备中的数据采集等方面，其规模较小、结构简单、对运行环境要求较低。

微型计算机采用微处理器芯片，微型计算机体积小、价格低、使用方便。

工作站是以个人计算机环境和分布式网络环境为基础的高性能计算机，工作站不仅可以进行数值计算和数据处理，而且支持人工智能作业和作业机，通过网络连接，包含工作站在内的各种计算机可以进行信息的传送，资源的共享及负载的分配。

服务器是在网络环境下为多个用户提供服务的共享设备，一般分为文件服务器、打印服务器、计算服务器和通信服务器等。

2.计算机的组成

计算机由硬件和软件组成。

（1）硬件

硬件主要为键盘、鼠标、显示器、中央处理器、存储器、硬盘和网络接口等。

（2）软件

软件是人们为了告诉计算机要做什么事而编写的计算机能够理解的一系列指令，有时也叫代码或程序。根据功能的不同，计算机软件可以粗略地分成四个层次，即固件、系统软件、中间件和应用软件。

（二）计算机网络

计算机网络是计算机技术和通信技术相互渗透不断发展的产物，是使分散的计算机连接在一起进行通信的一种系统。

1.计算机网络的域

根据网络的服务范围，计算机网络可分为局域网和广域网两种。

（1）局域网

局域网是指连接2台以上计算机的网络。虚拟局域网是用软件实现划分和管理的，用户不受地理位置的限制。

（2）广域网

广域网是指连接广范围或多个计算机的网络，目前已经出现了专门用于网络应用的网络计算机和网络个人计算机。

2.网络的拓扑结构

网络的拓扑结构是指网络电缆布置的几何形状，目前主要有以下三种。

①线性总线拓扑结构。

②环形拓扑结构，其网络为环状。

③星形拓扑结构，其中央站通过集线器或交换机呈放射状连到各分站。

3.局域网

（1）以太网

以太网是使用载波侦听、多路访问/冲突检测访问控制方式，工作在线性总线上的计算机网络。它可以采用交换器或集线器作为网络通信控制器。

交换局域网是以太网的一种，主要采用交换机。交换机有静态和动态两种。交换机的实现技术主要有存储转发技术和直通技术两种。交换局域网的数据传输速率可以达到10Gbit/s。

（2）快速局域网

快速局域网是指传输速率达100mbit/s或更高的网络，主要有以下五种。

①光纤分布数字接口是一种环形布局的由光纤电缆连接的网络，数据传输速率可以达到100mbit/s，最大站间距离可达2km（多模光纤）或100km（单模光纤）。

②快速以太网。目前，快速以太网（100Base-T）数据传输速率可以达100mbit/s，最大传输距离20km。

③千兆以太网，如采用光纤的1000BaseXsFP、1000Base-SX、1000Base-LX和采用双绞线的1000Base-X、1000Base-Tx，数据传输速率可以达1Gbit/s。最大传输距离5km。10Gbit/s快速以太网也在发展。

④异步传输模式。

⑤高速局域网（100Base-vg），是基于4对线应用的需求优先级网络。

（3）其他网络

①综合业务数字网。这是一种数字电话技术，支持通过电话线传输语音和数据。目前主要是利用基本速率接口（BRI），也称"2B＋D"（2个B通道用于信息，1个D通道用于信令），使用4线电话插座，带宽128kbit/s。宽带ISDN（B–ISDN）的带宽为150kbit/s，使用异步传输模式，适合多媒体应用。

②帧中继。这是一种广域网标准，它在网络数据链路层提供被称为永久虚电路的面向连接的服务，能够提供高达155mbit/s的远程传输速率。

4. 网络管理协议

网络管理协议是有关网络中信息传递的控制、管理和转换的手段以及要遵守的一些基本原则和方法。目前有以下三种协议。

（1）ISO/OSI开放系统

互连参考模型或OSI/RM模型。由国际标准化组织提出，由7层组成，从低到高分别是物理层、数据链路层、网络层、传送层、会话层、表达层和应用层，是点到点的传输。

（2）IEEE 802标准

它是国际电子工程学会（IEEE）制定的一系列局域网络标准。

（3）TCP/IP参考模型与协议

由于历史的原因，现在得到广泛应用的不是OSI模型，而是TCP/IP协议。TCP/IP协议是网络世界第一个采用分组交换技术的计算机通信网。它是网络采用的标准协议。网络的迅速发展和普及，使得TCP/IP协议成为全世界计算机网络中使用最广泛、最成熟的网络协议，并成为事实上的工业标准。TCP/IP协议模型从更实用的角度出发，形成了具有高效率的4层体系结构，即网络接口层、网络互联层、传输层和应用层。

①网络接口层：这是模型中的最低层，它负责将数据包透明传送到电缆上。

②网络互联层：这是参考模型的第二层，它决定数据如何传送到目的地，主要负责寻址和路由选择等工作。

③传输层：这是参考模型的第三层，它负责在应用进程之间的端与端通信。

传输层主要有两个协议，即传输控制协议（TCP）和用户数据报协议（UDP）。

④应用层：其位于 TCP/IP 协议中的最高层次，用于确定进程之间通信的性质以满足用户的要求。

5. 网络设备

（1）局域网的层

网络一般分为核心层（骨干层）、汇聚层和接入层，有不同的交换设备。

①核心层。其将多个汇聚层连接起来，为汇聚层网络提供数据的高速转发的同时实现与骨干网络的互联，有高速 IP 数据出口。核心层网络结构重点考虑可靠性、可扩展性和开放性。

②汇聚层。本层完成本地业务的区域汇接，进行带宽和业务汇聚、收敛及分发，并进行用户管理，通过识别定位用户，实现基于用户的访问控制和带宽保证，以及提供安全保证和灵活的计费方式。

③接入层。本层通过各种接入技术和线路资源实现对用户的覆盖，并提供多业务的用户接入，必要时配合完成用户流量控制工作。

（2）网络交换机

网络交换机的形式有多种，常用的有以下五种。

①可堆叠式。指一个交换机中一般同时具有"UP"和"DOWN"堆叠端口。当多个交换机连接在一起时，其作用就像一个模块化交换机。堆叠在一起的交换机可以当作单元设备来管理。一般情况下，当有多个交换机堆叠时，其中存在一个可管理交换机，利用可管理交换机可对此可堆叠式交换机中的其他"独立型交换机"进行管理。

②模块化交换机。就是配备了多个空闲的插槽，用户可任意选择不同数量、不同速率和不同接口类型的模块，以适应千变万化的网络需求的交换机。模块化交换机的端口数量取决于模块的数量和插槽的数量。在模块化交换机中，为用户预留了不同数量的空余插槽，方便用户扩充各种接口。预留的插槽越多，用户扩充的余地就越大，一般来说，模块化交换机的插槽数量不能低于 2 个。可按需求配置不同功能类型的模块，如防火墙模块、入侵检测模块、VPN 模块、SSL 加速模块、网络流量分析模块等。

③智能交换机。与传统的交换机不同的是，智能交换机支持专门的具有应用功能的"刀片"服务器，具有协议会话、远程镜像及内网文件和数据共享功能。智能交换机有很多不同的体系结构，从具有对每个端口的额外处理能力以及刀片服务器间距大、带宽高度集成的体系结构，到相对简单的每个服务器都配备专用的处理器、内存和用于各个端口之间通信的输入/输出功能的体系结构。

④可网管网络型交换机。可网管网络型交换机的任务是使所有的网络资源处于良好的状态。它提供了基于终端控制口、基于 Web 页面以及支持 Telnet 远程登录网络等多种网络管理方式。它可以被管理，并具有端口监控、划分 VLAN 等许多普通交换机不具备的特性。

（3）网络互联设备

根据开放系统互连参考模型，网络互联可以在任何一层进行，相应设备是中继器、网桥、路由器和网关。

①中继器。在物理层实现网络互联的设备是中继器。

②网桥。在数据链路层实现网络互联的设备称为网桥。

③路由器。在网络层实现网络互联的设备称为路由器。

④网关。支持比网络层更高层次的网络互联的设备称为网关或网间连接器，特别用于应用层。

（4）无线网络

一般架设无线网络的基本配备是一张无线网络卡及一台无线接入点（WAP），这样就能以无线的模式，配合既有的有线架构来分享网络资源。

①无线接入点或无线路由器。用于室内或室外无线覆盖的设备。

②无线网桥。其作用是连接同一网络的两个网段。

（5）服务器

服务器指的是在网络环境中为客户机提供各种服务的、特殊的专用计算机。在网络中，服务器承担着数据的存储、转发、发布等关键任务，是各类基于客户机/服务器（C/S）模式网络中不可或缺的部分。对于服务器硬件并没有一定硬性的规定，特别是在中小型企业，它们的服务器可能就是一台性能较好的个人计算机（PC），不同的是，其中安装了专门的服务器操作系统，这样一来个人计算机就担当了服务器的角色，俗称个人计算机服务器，由它来完成各种所需的服务器任务。

（6）网络安全设备

网络安全设备主要有防火墙、入侵防御系统、应用控制网关、异常流量检测设备等。

①防火墙。防火墙有提供外部攻击防范、内网安全、流量监控、网页过滤、运用层过滤等功能，可保证网络安全。同时可提供虚拟专用网络（VPN）、防病毒、网络流量分析等功能。

②入侵防御系统。可提供入侵防御与检测、病毒过滤、带宽管理、URL过滤等功能。

③应用控制网关。能够对网络带宽滥用、网络游戏、多媒体应用、网站访问等进行识别和控制。

④异常流量检测设备。可及时发现网络异常流量等安全威胁，提供流量清洗等安全功能。

（7）信号传输介质

目前网络上的信号传输介质有双绞线、同轴电缆、光纤电缆三种。

①双绞线。双绞线有非屏蔽型和屏蔽型两种，分为三类线、四类线、五类线、六类线、七类线等。非屏蔽型双绞线成本低，布线方便，数据传输速率可以达到1Gbit/s，甚至更高。

②同轴电缆。抗干扰性强，信息传输速度高，频带宽，连接也不太复杂。

③光纤电缆。有单模光纤和多模光纤两种。成本高，布线和连接不方便，数据传输率可以达1000mbit/s或更高。

六、自动控制概述

（一）自动控制系统概念

自动控制系统是指应用自动化仪器仪表或自动控制装置，代替人自动地对仪器设备或工程生产过程进行控制，使之达到预期的状态或性能指标。对传统的工业生产过程采用动控制技术，可以有效提高产品的质量和企业的经济效益。对于一些恶劣环境下的控制操作，自动控制显得尤其重要。在已知控制系统结构和参数的基础上，求取系统的各项性能指标，并找出这些性能指标与系统参数间的关系，就是对自动控制系统的分析。而在给定对象特性的基础上，按照控制系统应具备的性能指标要求，寻求能够全面满足这些性能指标要求的控制方案并合理确定控制器的参数，则是对自动控制系统的分析和设计。

如温度自动控制系统通过将实际温度与期望温度的比较来进行调节控制，以使其差别很小。在自动控制系统中，外界影响包含室外空气温度、日照等室外负荷的变动以及室内人员等室内负荷的变动。如果没有这些外界影响，只要一次把（执行器）阀门设定到最适当的开度，室内温度就会保持恒定。然而正是由于外界影响而引起负荷变动，为保持室温恒定就必须进行自动控制。当设定温度变更或有外界影响时，从变更变化之后调节动作执行到实际的室温变化，有一段延迟时间，这段时间称作滞后时间。而从室温开始变化到设定温度所用时间称为时间常数。对于这样的系统，要求自动控制具有可控性和稳定性。可控性指尽快地达到目标值，稳定性指一旦达到目标值，系统能长时间保持设定的状态。

（二）自动控制设备

自动控制设备有传感器、自动控制器和执行器等。

1. 传感器

传感器是感知物理量变化的器件。物理量分为电量和非电量。电量如电压、电流、功率等。非电量如温度、压力、流量、湿度等。电量或非电量通过变送器变换成系统需要的电量。

2. 自动控制器

自动控制器（或称调节器）由误差检测器和放大器组成。自动控制器将检测出的通常功率很低的误差功率放大，因此，放大器是必需的。自动控制器的输出是供给功率设备，如气动执行器或调节阀门、液压执行器或电机。自动控制器把对象的输出实际值与要求值进行比较，确定误差，并产生一个使误差为零或微小值的控制信号。自动控制器产生控制信号的作用叫作控制，又叫作反馈控制。

3. 执行器

执行器是根据自动控制器产生控制信号进行动作的设备。执行器可以推动风门或阀门动作。执行器和阀门结合就成为调节阀。

（三）自动控制器的分类

1. 按照工作原理分类

自动控制器按照其工作原理可分为模拟控制器和数字控制器两种。

①模拟控制器采用模拟计算技术，通过对连续物理量的运算产生控制信号，它的实时性较好。

②数字控制器采用数字计算技术，通过对数字量的运算产生控制信号。

2. 按照基本控制作用分类

自动控制器按照基本控制作用可分为定值控制、模糊控制、自适应控制、人工神经网络控制和程序控制等。

（1）定值控制

其目标值是固定的。自动控制器按定值控制作用可分为双位或继电器型控制（on/of，开关控制）、比例控制（P）、积分控制（I）、比例—积分控制（PI）、比例—微分控制（PD）、比例—积分—微分控制（PID）等。它们之间的区分如下。

①双位或继电器型。在双位控制系统中，许多情况下执行机构只有通和断两个固定位置。双位或继电器型控制器比较简单，价格也比较便宜，所以广泛应用于要求不高的控制系统中。

双位控制器一般是电气开关或电磁阀。它的被调量在一定范围内波动。

②比例控制。采用比例控制作用的控制器，输出与误差信号是正比关系。

它的系数叫作比例灵敏度或增益。

无论是哪一种实际的机构，也无论操纵功率是什么形式，比例控制器实质上是一种具有可调增益的放大器。

③积分控制。采用积分控制作用的控制器，其输出值是随误差信号的积分时间常数而成比例变化的。它适用于动态特性较好的对象（有自平衡能力、惯性和迟延都很小）。

④比例—积分控制。比例—积分控制的作用是由比例灵敏度或增益和积分时间常数来定义的。积分时间常数只调节积分控制作用，而比例灵敏度值的变化同时影响控制作用的比例部分和积分部分。积分时间常数的倒数叫作复位速率，复位速率是每秒的控制作用较比例部分增加的倍数，并且用每秒增加的倍数来衡量。

⑤比例—微分控制。比例—微分控制的作用是由比例灵敏度、微分时间常数来定义的。比例—微分控制有时也称为速率控制，它是控制器输出值中与误差信号变化的速率成正比的那部分。微分时间常数是速率控制作用超前于比例控制作用的时间间隔。微分作用有预测性，它能减少被调量的动态偏差。

⑥比例—积分—微分控制。比例控制作用、积分控制作用、微分控制作用的组合叫比例—积分—微分控制作用。这种组合作用具有三个单独的控制作用。它由比例灵敏度、积分时间常数和微分时间常数所定义。

（2）模糊控制

模糊控制是目标值采用模糊数学方法的控制，是控制理论中一种高级策略和新颖技术，是一种先进实用的智能控制技术。

在传统的控制领域中，控制系统动态模式的精确与否是影响控制优劣的关键因素，系统动态的信息越详细，越能达到精确控制的目的。然而，对于复杂的系统，由于变量太多，往往难以正确地描述系统的动态，于是工程师便利用各种方法来简化系统动态，以达成控制的目的，但效果却不理想。换言之，传统的控制理论对于明确系统有强有力的控制能力，对于过于复杂或难以精确描述的系统则显得无能为力。因此，人们开始尝试以模糊数学来处理这些控制问题。

（3）自适应控制

在日常生活中，所谓自适应是指生物能改变自己的习性以适应新的环境的一种特征。因此，直观地讲，自适应控制器应当能修正自己的特性以适应对象和扰动的动态特性的变化，它是一种随动控制方式。自适应控制的研究对象是具有一定程度不确定性的系统。这里所谓的不确定性，是指描述被控对象及其环境的数学模型不是完全确定的，包含一些未知因素和随机因素。

（4）人工神经网络控制

人工神经网络控制是采用平行分布处理、非线性映射等技术，通过训练进行学习，能够适应与集成的控制系统。

（5）程序控制

程序控制是按照时间规律运行的控制系统。

3. 按照控制变量数目分类

自动控制按照控制变量的数目可分为单变量控制和多变量控制。单变量控制的输入变量只有一个；多变量控制则有多个输入变量。

4. 按照动力种类分类

自动控制器按照在工作时供给的动力种类，可分为气动控制器、液压控制器和电动控制器。也可以是几种动力组合，如电动—液压控制器、电动—气动控制器。多数自动控制器应用电或液压流体（如油或空气）作为能源。采用何种控制器，由对象的安全性、成本、利用率、可靠性、准确性、质量和尺寸大小等因素来决定。

（四）数字控制系统

1. 数字控制系统的定义

数字控制系统是指采用数字技术实现各种控制功能的自动控制系统，用代表加工顺序、加工方式和加工参数的数字码作为控制指令，简称数控系统。在数字控制系统中通常配备专用的电子计算机，反映加工工艺和操作步骤的加工信息用数字代码预先记录在穿孔带、穿孔卡、磁带或磁盘上。系统在工作时，读数机构依次将代码送入计算机并转换成相应形式的电脉冲，用以控制工作机械按照顺序完成各项加工过程。数字控制系统的加工精度和加工效率都较高，特别适合于工艺复杂的单件或小批量生产，广泛用于工具制造、机械加工、汽车制造和造船工业等。

2. 数字控制系统的组成

数字控制系统由信息载体、数控装置、伺服系统和受控设备组成。信息载体采用纸带、磁带、磁卡或磁盘等，用以存放加工参数、动作顺序、行程和速度等加工信息。数控装置又称插补器，根据输入的加工信息发出脉冲序列。每一个脉冲代表一个位移增量。插补器实际上是一台功能简单的专用计算机，也可直接采用微型计算机。插补器输出的增量脉冲作用于相应的驱动机械或系统用于控制工作台或刀具的运动。如果采用步进电机作为驱动机械，则数字控制系统为开环控制。对于精密机床，需要采用闭环控制的方式，以伺服系统为驱动系统。

3. 数字控制系统的优势

①能够达到较高的精度，能进行复杂的运算。

②通用性较好，要改变控制器的运算，只要改变程序就可以。

③可以进行多变量的控制、最优控制和自适应控制。

④具有自动诊断功能，有故障时能及时发现和处理。

4. 数字控制系统的发展

早期多采用固定接线的硬线数控系统，用一台专用计算机控制一台设备。后来采用微型计算机代替专用计算机，编制不同的程序软件实现不同类型的控制，可增强系统的控制功能和灵活性，称为计算机数控系统（CNC）或软线数控系统。后来又发展成为用一台计算机直接管理和控制一群数控设备，称为计算机群控系统或直接数控系统（DNC）。进一步又发展成由多台计算机数控系统与数字控制设备和直接数控系统组成的网络，实现多级控制。到了 20 世纪 80 年代则发展成将一群机床与工件、刀具、夹具和加工自动传输线相配合，由计算机统一管理和控制，构成计算机群控自动线，称为柔性制造系统（FMS）。数字控制系统未来会向机械制造工业设计和制造一体化发展，将计算机辅助设计（CAD）与计算机辅助制造（CAM）相结合，实现产品设计与制造过程的完整自动化系统。

（五）建筑自动化系统

建筑自动化系统或建筑设备监控系统，一般采用分布式系统和多层次的网络结构，并根据系统的规模、功能要求及选用产品的特点，采用单层、两层或三层的网络结构。注意不同网络结构均应满足分布式系统集中监视操作和分散采集控制（分散危险）的原则。

大型系统宜采用由管理、控制、现场设备三个网络层构成的三层网络结构。

中型系统宜采用两层或三层的网络结构，其中两层网络结构一般由管理层和现场设备层构成。

小型系统宜采用以现场设备层为骨干的单层网络结构或两层网络结构。

各网络层功能如下。

①管理网络层应完成系统集中监控和各种系统的集成。

②控制网络层应完成建筑设备的自动控制。

③现场设备网络层应完成末端设备控制和现场仪表设备的信息采集和处理。

（六）现场总线

现场总线是近年来迅速发展起来的一种工业数据总线，它主要解决工业现场的智能化仪器仪表、控制器、执行机构等现场设备间的数字通信以及这些现场控制设备和高级控制系统之间的信息传递问题。由于现场总线具有简单、可靠、经济实用等一系列突出的优点，受到了许多标准团体和计算机厂商的重视。

现场总线是一种工业数据总线，是自动化领域中底层数据通信网络。简单地说，现场总线就是以数字通信替代了传统 4 ~ 20mA 模拟信号及普通开关量信号的传输，是连接智能现场设备和自动化系统的全数字、双向、多站的通信系统。

1. 现场总线的特点

（1）系统的开放性

传统的控制系统是一个自我封闭的系统，一般只能通过工作站的串口或并口对外通信。在现场总线技术中，用户可按自己的需要和对象，将来自不同供应商的产品组成大小随意的系统。

（2）可操作性与可靠性

现场总线在选用相同的通信协议的情况下，只要选择合适的总线网卡、插口与适配器，即可实现互连设备间、系统间的信息传输与沟通，大大减少了接线与查线的工作量，有效提高了控制的可靠性。

（3）现场设备的智能化与功能自治性

传统数控机床的信号传递是模拟信号的单向传递，在传递过程中产生的误差较大，系统难以迅速判断故障而带故障运行。而现场总线采用双向数字通信，将传感测量、补偿计算、工程量处理与控制等功能分散到现场设备中，可随时诊断设备的运行状态。

（4）对现场环境的适应性

现场总线是为适应现场环境工作而设计的，可支持双绞线、同轴电缆、光缆、射频、红外线及电力线等，其具有较强的抗干扰能力，能采用两线制实现送电与通信，并可满足安全及防爆要求等。

2.现场总线控制系统的组成

现场总线的软件是系统的重要组成部分，控制系统的软件有组态软件、维护软件、仿真软件、设备软件和监控软件等。选择开发组态软件、控制操作人机接口软件。通过组态软件，完成功能块之间的连接，选定功能块参数，进行网络组态。

在网络运行过程中实时采集数据，进行数据处理、计算。

（1）现场总线的测量系统

其特点是，多变量高性能测量，使测量仪表具有计算能力等更多功能，由于采用数字信号，具有高分辨率，准确性高，抗干扰、抗畸变能力强，同时还可显示仪表设备的状态信息，可以对处理过程进行调整。

（2）设备管理系统

可以提供设备自身及过程的诊断信息、管理信息、设备运行状态信息（包括智能仪表）、厂商提供的设备制造信息。

（3）总线系统计算机服务模式

客户机 / 服务器模式是较为流行的网络计算机服务模式。服务器表示数据源（提供者），应用客户机则表示数据使用者，它从数据源获取数据，并进行处理。客户机运行在个人计算机或工作站上。服务器运行在小型机或大型机上，它使用双方的智能、资源、数据来完成任务。

（4）数据库

它能有组织地、动态地存储大量有关数据与应用程序，实现数据的充分共享、交叉访问，具有高度独立性。工业设备在运行过程中参数连续变化，数据量大，操作与控制的实时性要求很高。形成了一个可以互访操作的分布关系及实时性的数据库系统，市面上成熟的供选用的如关系数据库中的 Oracle、Sybas、Informix、SQLserver；实时数据库中的 Infbplus、PI、ONSPEC 等。

（5）网络系统的硬件与软件

网络系统的硬件有系统管理主机、服务器、网关、协议变换器、集线器、用户计算机及底层智能化仪表。网络系统的软件有网络操作软件，如 NetWare、LAN mangger、Vines；服务器操作软件如 Lenix、Os/2、Window N 应用软件数据库、通信协议、网络管理协议等。

七、建筑工程的类型

建筑物由于用途、规模不同，所需要的功能系统也不同。

（一）按照用途分类

建筑物按照用途可分为民用建筑和工业建筑两类。

1.民用建筑

民用建筑包括办公建筑、商业建筑、文化建筑、媒体建筑、体育建筑、医院建筑、学校建筑、交通建筑、住宅建筑。

（1）办公建筑

办公建筑包含商务办公建筑、行政办公建筑、金融办公建筑等，又可分为专用办公建筑和出租办公建筑。专用办公建筑指行政办公建筑、公司办公建筑、企业办公建筑、金融办公建筑；出租办公建筑指业主租给各种公司办公用的商务办公建筑。办公建筑主要提供完善的办公自动化服务、各种通信服务并保证良好的环境。

（2）商业建筑

商业建筑包含商场、宾馆等。随着旅游业务国际化，人们对旅游建筑也提出多功能、高服务质量、高效率、安全性增强等要求。智能旅游建筑则要求配备多种用于提高其舒适度、安全性、信息服务能力、效率等的设施。商业建筑主要提供商业和旅游业务处理以及安全保卫、设备管理等功能。

（3）文化建筑

文化建筑指图书馆、博物馆、会展中心、档案馆等。文化建筑主要提供各种业务处理和安全保卫、设备管理等功能。

（4）媒体建筑

媒体建筑包含剧（影）院、广播电视业务建筑等。

（5）体育建筑

体育建筑包含体育场、体育馆、游泳馆等。

（6）医院建筑

医院建筑主要是指提供医疗服务的各类建筑，并应实现医疗网络化的信息系统建设。综合医疗信息系统可用于医疗咨询、远程诊断、病历管理、药品管理等。

（7）学校建筑

学校建筑包含普通高等学校和高等职业院校、高级中学和高级职业中学、初级中学和小学、托儿所和幼儿园等开展教学的建筑。

（8）交通建筑

交通建筑包含空港航站楼、铁路客运站、城市公共轨道交通站、社会停车库（场）等。

（9）住宅建筑

住宅建筑包含住宅和居住小区。住宅是供家庭使用的建筑物，又称居住建筑。住宅形式多种多样，有低层住宅、多层住宅、小高层住宅、高层住宅、别墅、家居办公、排屋等。居住小区或住区是由多栋住宅建成的小区。其中住区包含道路、园林、休闲设施、商业、教育设施等。

2. 工业建筑

工业建筑包括专用工业建筑和通用工业建筑。

（1）专用工业建筑

专用工业建筑指发电厂、化工厂、制药厂、汽车厂等生产某种产品的工业建筑。

（2）通用工业建筑

通用工业建筑指一般的机械、电器装配厂。

（二）按照规模分类

建筑工程按照规模大小可分为大型建筑工程、中型建筑工程和小型建筑工程。

①大型建筑工程：指面积在 20000m² 以上的建筑。

②中型建筑工程：指面积为 5000 ~ 20000m² 的建筑。

③小型建筑工程：指面积为 50m² 以下的建筑。

（三）按照高度分类

建筑按照高度可分为单层建筑、多层建筑、高层建筑和超高层建筑。

①1 ~ 3 层为单层住宅。

②4 ~ 6 层为多层住宅。

③7 ~ 9 层为高层住宅。

④10 层以上为超高层住宅。

第二节　建筑电气设备

一、高压配电装置与高压电器

高压配电装置是指 1kV 以上的电气设备按一定接线方案，将有关一次、二次线路的设备组合起来的装置。它可用于发电厂和变、配电所控制发电机、电力变压器和电力线路，也可作为大型交流高压电动机的启动和保护装置。12kV 以下的配电装置，也称为中压配电装置。

（一）高压配电装置

高压配电装置的结构可以分为开启式、封闭式，安装有固定式和抽出（移开）式。抽出式装置的可移开部件（手车）上装有所需要的设备，如断路器、接触器或隔离设备，还可以安装互感器等测量设备。

高压配电装置按照用途可以分为进出线、隔离、计量、联络、互感器、避雷器柜，高压配电装置的母线有单母线和双母线。

高压配电装置按照安装地点可分为户内式和户外式两种。配电柜具有很高的防护等级，所有产品均在 IP54 以上，最高至 IP66。一般高压配电柜的使用条件为：海拔＜ 1000m；环境温度 –2 ～ ＋ 40℃；相对湿度＜ 85％。

高压配电装置的壳体采用喷涂或敷铝锌薄钢板。柜内用金属板分隔为断路器室、母线室、电缆室和低压室等。

高压配电装置将高压断路器或负荷开关作为开关电器。

采用负荷开关和熔断器的高压配电装置，常用于环网配电系统，也称为环网柜。

（二）高压电器

在额定电压 3000V 以上的电力系统中，用于接通和断开电路、限制电路中的电压或电流以及进行电压或电流变换的电器称为高压电器。根据电力系统安全、可靠和经济运行的需要，高压电器能断开和关闭正常线路和故障线路，隔离高压电源，起到控制、保护和安全隔离的作用。

1. 开关电器

开关电器主要有高压断路器（见断路器）、高压隔离开关（见隔离开关）、高压熔断器（见熔断器）、高压负荷开关（见负荷开关）和接地短路器。

高压断路器又称高压开关，用于接通或断开空载、正常负载或短路故障状态下的电路。高压隔离开关用于将带电的高压电工设备与电源隔离，一般只具有分合空载电路的能力，当处于分断状态时，触头具有明显的断开位置，以保证检修时的安全。高压熔断器俗称高压保险丝，用于开断过载或短路状态下的电路。高压负荷开关用于接通或断开空载、正常负载和过载下的电路，通常与高压熔断器配合使用。接地短路器用于高压线路人为造成的对地短路。

2. 限制电器

限制电器主要有电抗器和避雷针。

3. 变换电器

变换电器又称互感器。主要有电流互感器和电压互感器，分别用于变换电路中电流和电压的数值，以供仪表和继电器使用。

二、低压配电装置概述

低压配电装置主要有低压配电柜、配电箱和电表箱，还有用于配电或控制的低压开关箱、计量箱。

（一）低压配电柜与低压电器

1. 低压配电柜

低压配电柜是指电压为 380V 的配电或电动机控制用的配电柜。其结构可以分为固定式和抽出（移开）式。抽出式有多种规格的抽斗。

配电柜按材料可分为金属和塑料两大类，金属包括不锈钢；按安装位置可分为户内式和户外式。防护等级与高压配电装置相同。配电柜的表面处理喷涂质量很高，附件品种多样。配电柜还应符合多种国际认证。

2. 低压电器

在低压配电柜中装配的电器有断路器、接触器、电工测量仪表、自动控制仪表等。

（二）功率因数补偿装置

功率因数补偿装置主要是配置一定数量的电容器，根据对供电线路功率因数的检测，自动控制电容器的投切。投切设备可分为三种，即交流接触器、晶闸管（双向可控硅）和组合投切。用晶闸管控制可实现过零投入，零电流切开。三种方式组合投切可提高工作的可靠性和投切的速度。

（三）谐波治理装置

目前常用的谐波治理方法有无源谐波和有源谐波两种。

1. 无源谐波滤波器

无源谐波滤波器阻止用户设备产生的高次谐波流入电网或电网中高次谐波流入用户设备。无源滤波治理装置的主要结构是用电抗器与电容器串联起来，组成 LC 串联回路，并联于系统中。LCH 路的谐振频率设定在需要滤除的诸波频率上，如 5 次、7 次、11 次谐振点，达到滤除谐波的目的。测量及控制器用高次谐波电压、电流、无功功率测量技术来判断应投入哪个高次谐波吸收装置，以及投多少、切多少。

无源谐波滤波器有以下作用。

①根据高次谐波电压、电流和无功功率，综合调节吸收回路的投切。

②补偿三相谐波电流和无功电流。

③高动态响应，功率因数保持在 0.95 以上。

④增加配电变压器和馈电线路的承载率。

⑤消除不平衡负载引起的电压不对称。

⑥抑制冲击电流、电压波动和电压闪变。

⑦可根据实际需求，灵活组态。

无源谐波吸收装置采用了一种晶体，可以自动消除具有破坏性的高次谐波、电涌、尖峰信号、瞬时脉冲和激励振荡等。

2. 有源谐波滤波器

有源谐波滤波器是由电力电子元件组成电路，使之产生一个和系统的谐波同频率、同幅度但相位相反的谐波电流，与系统中的谐波电流抵消。它的滤波效果好，在额定的无功功率范围内，滤波效果可达 100%。但受到电力电子元件耐压及额定电流的限制，其制作也比无源滤波装置复杂得多，成本也高，主要应用于计算机控制系统的供电系统，尤其是办公建筑的供电系统和工厂的计算机控制供电系统。

（四）低压配电装置

低压配电装置按照用途可分为电力配电箱、照明配电箱、计量箱、控制箱。有板式、箱式、落地式三种。低压配电装置安装地点有户内和户外两种，安装方式有明装和暗装两种。

1. 低压配电箱

低压配电箱适用于宾馆、公寓、高层建筑、港口、车站、机场、仓库、医院和厂矿企业等，适用于交流 50Hz，单相三相 415V 及以下的户内照明和动力配电线路，具有线路过载保护、短路保护及线路切换、计量、通信功能。照明配电箱分为封闭明装和嵌入暗装两种，主要由箱体、箱盖、支架、母线和自动开关等组成。箱体由薄钢或塑料板制成；箱盖拉伸成盘状；自动开关手柄外露；带电及其他部分均遮盖进出线；敲落孔位于箱壁及上下底三面，背面另有长圆形敲落孔，可以根据需要任意敲落。配电箱的左下侧设有接地排，箱体外侧标有接地符号。箱内主要装有小型断路器。

配电箱的安装高度为：无分路开关的照明配电箱，底边距地面应不小于

18m；带分路开关的配电箱，底边距地面一般为 1.2m。导线引出板面处均应套绝缘管。配电箱的垂直度偏差应不大于 1.5%。暗装配电箱的板面四周边缘应贴紧墙面。配电箱上各回路应有标牌，以标明回路的名称和用途。

2.电表箱

电表箱可广泛应用于各类现代建筑、住宅等用户的用电计量。电表箱分为分装、明装、户外三种类型，电表壳体可以由玻璃钢或金属制造。

三、变压器

变压器是一种静止的电器，是一个转换电压的装置。它是一个变换电能以及把电能从一个电路传递到另一个电路的静止电磁装置。在交流电路中，可以借助变压器变换交流电压、电流和波形。

（一）变压器的分类

变压器按照用途可分为电力（配电）变压器、电炉变压器、电焊变压器、仪用变压器、特种变压器等。

电力变压器按电力系统传输电能的方向可分为升压变压器和降压变压器。

除了按用途分，变压器还可以按相数、绕组数、铁芯形式、冷却方式等特征分。按相数分，有单相、三相、多相等；按绕组数分，有双绕组、单绕组（自耦）、三绕组、多绕组；按铁芯形式分，有心式、壳式；按冷却方式分，有干式、油浸式、充气冷却等，其中油浸式的冷却方式分为自冷、风冷、强迫循环等；按调压方式分，有无励磁调压和有载调压两种。

干式变压器按照外壳的形式可分为非封闭干式和封闭干式两种；按照绝缘介质可分为包封线圈式和非包封线圈式两种。

（二）变压器的结构

变压器的铁芯和绕组是变压器的核心，即电磁部分。

1. 铁芯

铁芯是变压器中主要的磁路部分，通常由含硅量较高、表面涂有绝缘漆的热轧或冷轧硅钢片叠装而成。铁芯分为铁芯柱和铁轭两部分：铁芯柱套有绕组；铁轭做闭合磁路之用。铁芯的基本结构形式有芯式和壳式两种。

2. 绕组

绕组是变压器的线圈部分，它用纸包的绝缘扁线或圆线绕成。

变压器除了电磁部分，还有油箱、冷却装置、绝缘套管、调压和保护装置等部件，如电力变压器由铁芯、绕组、绝缘套管、冷却装置、保护装置、温控装置等组成。变压器绕组采用铜线或铝线。变压器冷却装置有油箱。风扇变压器油的保护装置由储油柜、吸湿器、安全气道、净油器、气体继电器、温控装置等组成。

（三）变压器的规格参数

变压器的型号是按照国家标准定义的。

配电变压器的主要规格参数有额定容量、额定电压、额定频率、额定电流联结组别、外壳保护等级、绝缘等级、冷却方式、温升、环境条件等。

四、预装式变电站

预装式（箱式）变电站是集高压环网柜、变压器、低压配电柜为一体的输变电设备，由高压室、变压器室、低压室和壳体构成，采用地下电缆进出线。高压侧配有负荷开关或真空断路器和高压计量、带电显示装置；低压侧配有智能型断路器控制保护，具有低压计量、无功补偿等分支回路，保护功能齐全，操作方便、安全可靠；外壳采用铝合金夹心彩板，房屋造型。

变电站具有牢固、隔热、通风、防尘、防潮、防腐、防小动物及外形美观、维护方便等优点，适用于占地面积小、移动方便的场所，如城市高层建筑、住宅小区、宾馆、医院、厂矿、企业、铁路、商场及临时性设施等户内、外输变电场所。

预装式变电站分为欧洲式、美国式和中国式三种。欧洲式的特点是防护性好，但变压器不易散热，要降低容量运行。美国式的特点是变压器保持户外设备本质，散热好，结构紧凑。但是由于我国 10kV 电网是中性不接地系统，一相熔丝熔断时不能跳开三相负荷开关，会造成非全相运行，危及变压器及用电设备，并且不易实现配电自动化。中国式是从欧洲式派生而来，结合中国用户需要改进，符合中国电力部门各种法规标准要求，可铅封电能计量箱，实现无功补偿。

（一）应急电源

应急电源是为满足消防设施、应急照明、事故照明等一级负荷供电设备需要而设计生产的。应急电源为一级负荷和特别重要负荷用电设备及消防设施、消防应急照明等提供第二或第三电源。

应急电源由互投装置、自动充电机、逆变电源及蓄电池组等组成。在交流电网正常供电时，经过互投装置给重要负载供电；当交流电网断电后，互投装置会立即投切至逆变电源供电；当电网电压恢复时，应急电源将恢复为电网供电。

应急电源在停电时，能在不同场合为各种用电设备供电。它适用范围广、安装方便、效率高。采用集中供电的应急电源可克服其他供电方式的诸多缺点，减少不必要的电能浪费。在应急事故、照明等用电场所，它具有比不间断电源更高的性能价格比。目前应急电源的容量在 2.2 ~ 800kW，备用时间在 90 ~ 120min。应急电源的输出可以是交流电，也可以是直流电。

（二）不间断电源

不间断电源是在市电中断时能够继续向负荷供电的设备。不间断电源包括主机和蓄电池两部分。

不间断电源按工作方式可分为后备式不间断电源和在线式不间断电源两种。

1. 后备式不间断电源

在市电正常供电时，市电通过交流旁路通道直接向负载供电，此时主机上的逆变器不工作，只是在市电停电时才由蓄电池供电，经逆变器驱动负载。因此它基本不改变市电品质。

2. 在线式不间断电源

在市电正常时，首先将交流电变成直流电，然后进行脉宽调制滤波，再将直流电重新变成交流电向负载供电，一旦市电中断，立即改为由蓄电池逆变器对负载供电。因此，在线式不间断电源输出的是与市电网完全隔离的纯净的正弦波电源，大大改善了供电的品质，保证负载安全、有效地工作。

（三）燃气发电机

燃气发电机是一种以燃气作为一次能源的发电机组。燃气发电机具有启动快、排放污染物少、耗水少、占地少等优点，是一种不错的备用电源。

大型建筑物或建筑群采用燃气发电机实现热冷电联供，可以提高能源利用率，具有绿色节能作用。

（四）太阳能光伏发电

太阳能光伏发电是将太阳能作为能源的发电装置。太阳能作为绿色清洁能源，具有运行成本低、没有污染物生成等优点。太阳能光伏发电装置由太阳能光电池、控制器、蓄电池及防雷、接地等装置组成。

目前的薄膜太阳能电池，可以实现太阳能利用和建筑物相结合。太阳能发电可不并网运行，也可并网运行。太阳能电池可以用于路灯、显示器、水泵等场合。

五、电动机

电动机是把电能转换成机械能的设备。在机械、冶金、石油、煤炭化学、航空、交通、农业以及其他各种工业中，电动机被广泛应用，在国防、文教、医疗及日常生活中（现代化的家电工业中），电动机的应用也越来越广泛。

（一）电动机的结构及各部分的作用

一般电动机主要由固定部分和旋转部分组成，固定部分称为定子，旋转部分称为转子。另外还有端盖、风扇、罩壳、机座、接线盒等。

定子用来产生磁场，并作为电动机的机械支撑。电动机的定子由定子铁芯、定子绕组和机座三部分组成。定子绕组镶嵌在定子铁芯中，通过电流时产生感应电动势，实现能量转换。机座的作用主要是固定和支撑定子铁芯。电动机运行时，因内部损耗而产生的热量通过铁芯传给机座，再由机座表面散发到周围空气中。为了增加散热面积，一般电动机的机座外表面设计为散热片状。

电动机的转子由转子铁芯、转子绕组和转轴组成。转子铁芯也是电动机磁路的一部分，转子绕组的作用是产生感应电动势，通过电流产生电磁转矩，转轴是支撑转子、传递转矩、输出机械功率的主要部件。转子的形式有笼型转子和绕线转子两种。定子、转子之间有气隙。

（二）电动机的分类

①电动机按其功能可分为驱动电动机和控制电动机。

②按电能种类分为直流电动机和交流电动机。

③按电动机的转速与电网电源频率之间的关系，可分为同步电动机与异步电动机。

④按电源相数可分为单相电动机和三相电动机。

⑤按防护形式可分为开启式电动机、防护式电动机、封闭式电动机、隔爆式电动机、防水式电动机、潜水式电动机。

⑥按安装结构形式可分为卧式电动机、立式电动机、带底脚电动机、带凸缘电动机等。

⑦按绝缘等级可分为 E 级电动机、B 级电动机、F 级电动机、H 级电动机等。

六、低压电器

低压电器是指在额定电压 1000V 以下，在电路中起控制、保护、转换、通断作用的电器设备。

（一）低压电器的分类

低压电器可分为低压配电电器、低压控制电器、低压主令电器、低压保护电器、低压执行电器。

1. 低压配电电器

特点：分断能力强，限流效果好，动稳定及热稳定性好。

用处：低压供电系统。

代表：刀开关、自动开关、隔离开关、转换开关、熔断器。

2. 低压控制电器

特点：有一定的通断能力，操作频率要高，电器机械使用寿命长。

用处：电力拖动控制系统。

代表：接触器、继电器、控制器。

3. 低压主令电器

特点：操作频率较高，抗冲击，电器机械使用寿命长。

代表：按钮、主令开关、行程开关、万能开关。

4. 低压保护电器

特点：有一定的通断能力，反应灵敏，可靠性高。

用处：对电路和电气设备进行安全保护。

代表：熔断器、热继电器、安全继电器、避雷器。

5. 低压执行电器

用处：执行某种动作和传动功能。

代表：电磁铁、电磁离合器。

（二）低压电器的组成

从结构上看，低压电器一般有两个基本组成部分，即感测部分与执行部分。

感测部分接受外界输入的信号，并通过转换、放大、判断一系列操作，做出有规律的反应，使执行部分动作，输出相应的指令，实现控制的目的。对于有触头的电磁式电器，感测部分大都是电磁机构，而执行部分是触头。对于非电磁式的自动电器，感测部分因工作原理不同而有差异，但执行部分仍是触头。

1. 电磁机构

电磁机构是各种自动化电磁式电器的主要组成部分，它将电磁能转换成机械能，带动触点使之闭合或断开。电磁机构由吸引线圈和磁路两部分组成。

磁路包括铁芯、衔铁、铁轭和空气隙。

2. 执行机构

①低压电器的执行机构一般由主触点及其灭弧装置组成。

②低压电器的电弧。

我们知道，低压电器的触点在通电状态下动、静触点脱离接触时，由于电场的存在，触点表面的自由电子大量溢出而产生电弧。电弧的存在不但会烧损触点金属表面，降低电器的使用寿命，而且延长了电路的分断时间和分断能力，可能对设备或人员造成伤害，具有很大的安全隐患，所以必须合理消除。

3. 低压电器的灭弧方法

①迅速增大电弧长度：长度增加—触点间隙增大—电场强度降低—散热面积增大—电弧温度降低—自由电子和空穴复合运动加强—电荷熄灭。

②冷却：电弧与冷却介质接触，带走电弧热量，也可使复合运动加强，从而使电弧熄灭。

（三）常用的低压电器

1. 小型断路器

用于建筑物低压终端配电，具有短路保护、过载保护、控制、隔离等功能。其最高工作电压为交流440V，额定电流为2 ~ 63A，额定短路分断能力有4.5kA、6kA、10kA、15kA等。

小型断路器的极数有 1P、2P、3P、4P 和 1P＋N（相线＋中性线）、相线＋中性线的断路器可以同时切断相线和中性线，但是对中性线不提供保护。

小型断路器的脱扣特性曲线有 A、B、C、D 型 4 种。其中 C 型脱扣曲线保护常规负载和配电线路,D 型脱扣曲线保护启动电流大的负载（如电动机、变压器）。

2. 塑壳断路器

它是一种容量较大的断路器，可以提供短路保护、过载保护、隔离等功能。其额定工作电压为交流 500V、550V，额定电流 20 ～ 630A，额定短路分断能力有 25kA、35（36）kA、42kA、50kA 等，极数有 3P、4P。塑壳断路器的附件有辅助触点、故障指示触点、分励脱扣器、欠电压脱扣器、手柄、挂锁等。

3. 隔离开关

隔离开关具有隔离功能。其他功能与小型断路器相同。

4. 按钮

按钮是一种简单的指令电器。通常有动合触头和动分触头。按钮可以带指示灯。

5. 接触器

接触器是利用电磁吸力工作的开关，有交流接触器和直流接触器两种。

6. 热继电器

热继电器是利用发热元件和双金属片的相互作用而工作的继电器，用于电动机过载保护。

7. 中间继电器

中间继电器的工作原理与接触器相同，但是其通断的电流较小。

（四）常用的建筑电气

建筑电气指安装在建筑物上的各种开关、插座，如照明开关、电源插座、电视插座、电话插座、网络插座等。

1. 照明开关

照明开关是控制灯具的开关。照明灯具由开关控制，开关的额定电流应大于控制灯具的总电流。开关由面板和底座组成。照明开关有单控开关和双控开关两种。单控开关只能在一处控制照明。双控开关是两个开关在不同位置可控制同一盏灯，如位于楼梯口、大厅、床头等，需预先布线。

多位开关是几个开关并列，各自控制各自的灯。在一个面板上可以有 1 个开关、2 个开关、3 个开关或 4 个开关，分别称为单位开关、双位开关、三位开关或四位开关，也称双联开关、三联开关，或一开、二开等。

此外还有触摸开关、声控开关、带指示灯开关等。在潮湿场合可以用防溅开关。

2. 插座

插座是用于工作和生活场所对小型移动电器供电的设施。插座有单相和三相之分。一般插座带接地极，还有带开关插座、防溅插座、带保护门插座等。

插座带开关可以控制插座通断电，也可以单独作为开关使用。多用于家用电器，如微波炉、洗衣机等。

在潮湿场所用防溅插座。如果插座安装位置较低，用带保护门插座，可以防止儿童触电。

开关插座的外壳一般采用 PC 材料，即聚碳酸酯树脂。PC 是目前应用最广泛的工程塑料材质，具有突出的抗冲击能力，并有不易变形、稳定性高、耐热、吸水率低、无毒等特性。目前广泛应用于汽车、电子电气、建筑、办公设备、包装、运动器材、医疗保健等领域。

材料的质量对于开关插座的安全性和耐久性都非常关键。判别 PC 材质的质量优劣，要看塑胶件表面是否具有良好的外观和光泽，不应有气泡、裂纹、缩水、划花、污渍、混色、明显变形等缺陷。用力触按，应具备良好的弹性和韧性。

开关插座内部常用的铜片，一般有锡磷青铜和黄铜两种。锡磷青铜俗称紫铜，外观略带紫红色。优质锡磷青铜表面应有良好的金属光泽，弹力好且抗折叠能力强，不易被折断。锡磷青铜的特点是弹力强、抗疲劳、导电性好、抗氧化能力强，经久耐用。

　　家居插座有 10A/250V 及 16A/250V 两种，空调宜选用 16A/250V 插座，其他常规家用电器选用 10A/250V 即可。

第二章

建筑电气设计基础

第一节　供电线路

一、缆、线、母线槽

（一）电力电缆

常用的电力电缆的型号与应用场所见表 2-1。

表 2-1　常用的电力电缆的型号与应用场所

规格型号	名称	使用范围
VV VLV	聚氧乙烯绝缘，聚氧乙烯（聚乙烯）护套电力电缆	敷设在室内、隧道及管道中，电缆不能承受机械外力作用
VY VLY	聚乙烯护套电力电缆	
VV22 VLV22 VV23 VLV23	聚氯乙烯绝缘，聚氯乙烯（聚乙烯）护套，钢带铠装电力电缆	敷设在室外、隧道内，可直埋，电缆能承受机械外力作用
VV32 VLV32 VV33 VLV33 VV42 VLV42 VV43 VLV43	聚氯乙烯绝缘，聚乙烯（氯乙烯）护套，钢丝铠装电力电缆	敷设在高落差地区，电缆能承受机械外力作用及相当的拉力
YJV YJLV	交联聚乙烯绝缘，聚氯乙烯（聚乙烯）护套电力电缆	敷设在室内、隧道及管道中，电缆不能承受机械外力作用
YJV22 YJLV22 YJV23 YJLV23	交联聚乙烯绝缘，聚氯乙烯（聚乙烯）护套，钢带铠装电力电缆	敷设在室内、隧道内，可直埋，电缆能承受机械外力作用
YJV32 YJLV32 YJV33 YJLV33 YLV42 YJLV42 YJV43 YJLV43	交联聚乙烯绝缘，聚氯乙烯（聚乙烯）护套，钢丝铠装电力电缆	敷设在高落差地区，电缆能承受机械外力作用及相当的拉力

1. 聚氯乙烯绝缘电力电缆

聚氯乙烯材料价格便宜，物理机械性能较好，挤出工艺简单，但绝缘性能一般，因此大量用来制造 1kV 及以下的低压电力电缆，供低压配电系统使用。如果加了电压稳定剂的绝缘材料，允许生产 6kV 级的电缆。

2. 交联聚乙烯绝缘电力电缆

聚乙烯是电绝缘性能最好的塑料，加上经过高分子交联后成为热固性材料，因此其电性能、力学性能和耐热性好。近 20 年来，已成为我国中、高压电力电缆的主导品种，可适用于 6 ~ 33kV 的电压。

3. 橡胶绝缘电力电缆

橡胶绝缘电力电缆是一种柔软的、使用中可以移动的电力电缆，主要用于企业经常需要变动敷设位置的场合。采用天然橡胶绝缘，电压等级主要是 1kV，也可以生产 6kV 级。

4. 架空绝缘电缆

架空绝缘电缆实质上是一种带有绝缘的架空导线，由于仍架设在电杆上，其绝缘设计裕度可小于电力电缆。绝缘材料可采用聚氯乙烯或交联聚乙烯。一般制成单芯，但也可将 3 ~ 4 相绝缘芯绞合成一束，不加护套，称为集束型架空电缆。

（二）特种电缆

特种电缆的型号与应用场所见表 2-2。

表 2-2　特种电缆的型号与应用场所

分类	规格型号	名称	使用范围
阻燃性	ZR-X	阻燃电缆	敷设在对阻燃有要求的场所
	GZR-X GZR	隔氧层阻燃电缆	敷设在阻燃要求特别高的场所
	WDZR-X	低烟无卤阻燃电缆	电缆敷设在要求低烟无卤和阻燃有要求的场所
	GWDZR-X GWDZR-X	隔氧层低烟无卤阻燃电缆	电缆敷设在要求低烟无卤阻燃性能特别高的场所

分类	规格型号	名称	使用范围
耐火型	NH-X	耐火电缆	敷设在对耐火有要求的室内、隧道及管道中
	GNH-X	隔氧层耐火电缆	除耐火外要求高阻燃的场所
	WDZH-X	低烟无卤耐火电缆	敷设在有低烟无卤耐火要求的室内、隧道及管道中
	GWDNH GWD-NH-X	隔氧层低烟无卤耐火电缆	电缆除低烟无卤耐火特性要求外，对阻燃性能有更高要求的场所
防水	FS-X	防水电缆	敷设在地下水位常年较高，对防水有较高要求的地区
耐寒	H-X	耐寒电缆	敷设在环境温度常年较低，对抗低温有较高要求的地区
环保	FYS-X	环保型防白蚁、防鼠电缆	用于白蚁和鼠害严重地区以及有阻燃要求的地区

1. 阻燃电缆

阻燃电缆指在规定试验条件下，试样被燃烧，在撤去实验火源后，火焰的蔓延仅在限定范围内，残焰或残灼在限定时间内能自行熄灭的电缆。其特性是在火灾情况下有可能被烧坏而不能运行，但可阻止火势的蔓延。根据电缆阻燃材料的不同，阻燃电缆分为含卤阻燃电缆及无卤低烟阻燃电缆两大类。含卤阻燃电缆的绝缘层、护套、外护层以及辅助材料（包带及填充）全部或部分采用含卤的聚乙烯（PVC）阻燃材料，具有良好的阻燃特性。但是在电缆燃烧时会释放大量的浓烟和卤酸气体，卤酸气体对周围的电气设备有腐蚀性危害，救援人员需要戴上防毒面具才能接近现场进行灭火。电缆燃烧时给周围电气设备以及救援人员造成危害，不利于灭火救援工作，从而导致严重的"二次危害"。无卤低烟阻燃电缆的绝缘层、护套、外护层以及辅助材料（包带及填充）全部或部分采用不含卤的交联聚乙烯阻燃材料，不仅具有更好的阻燃特性，而且在电缆燃烧时没有卤酸气体放出，电缆的发烟量小，发烟量接近于公认的"低烟"水平。

2. 耐火电缆

耐火电缆指在规定试验条件下，试样在火焰中被燃烧，在一定时间内仍能保持正常运行的性能。其特性是电缆在燃烧条件下仍能维持该线路一段时间的正常工作。耐火电缆与阻燃电缆的主要区别是：耐火电缆在火灾发生时能维持一段时间的正常供电，而阻燃电缆不具备这个特性。耐火电缆主要使用在应急电源至用户消防设备、火灾报警设备、通风排烟设备、疏散指示灯、紧急电源插座、紧急用电梯等供电回路。普通耐火电缆分为 A 类和 B 类：B 类电缆能够在 750 ~ 800℃的火焰中和额定电压下耐受燃烧至少 90min 而电缆不被击穿。在改进耐火层制造工艺和增加耐火层的基础上又研制了 A 类耐火电缆，它能够在 950 ~ 1000℃的火焰中和额定电压耐受燃烧至少 90min 而电缆不被击穿。A 类耐火电缆的耐火性能优于 B 类。

3. 防水电缆

防水电缆的绝缘层、填充层以及护套层均采用高密度防水橡皮，故具有很强的防水性能。适用于潜水泵、水下作业、喷水池、水中景观灯等水处理设备。JHS 防水电缆允许工作温度不超过 65℃，JHSB 扁平型防水电缆可长期工作于温度不超过 85℃的环境中。在长期浸水及较大的水压下，具有良好的电器绝缘性能，防水电缆弯曲性能良好，能承受经常的移动。

4. 耐寒电缆

广泛应用于恶劣的高寒环境，在高寒气候下仍保持良好的弹性和弯曲性能。导体采用多股细绞和精绞成束，一级无氧铜丝作导体，符合 DINVDE 0295 等级要求。绝缘材料采用优质 TPU 耐寒料。

①交流额定电压：0.6/1kV。

②最高工作温度：105P。

③最低环境温度：固定敷设 −4℃。

④电缆安装敷设温度应不低于 −25℃。

⑤电缆允许弯曲半径：最小为电缆外径的 12 倍。

⑥ 20℃时绝缘电阻不小于 50MΩ/km。

⑦成品电缆受控交流 50Hz、3.5kV/5min 电压试验不击穿。

（三）环保电缆

环保电缆具有以下特点：

1. 无卤素

采用绿色环保绝缘层、护套及特制的隔氧层材料，不仅具有良好的电、物理机械性能，并且保证了产品不含卤素，解决了其燃烧时形成的"二次污染"，避免了传统的 PVC 电线燃烧时产生可致癌的物质。

2. 高透光率

电缆燃烧时产生的烟雾极为稀薄，有利于人员的疏散和灭火工作的进行，产品透光率大于 60%，远远高于传统阻燃电缆透光率不到 20% 的标准。

3. 高阻燃性

环保电缆适用于对消防要求高的建筑，火灾时电缆不易燃烧，并能阻止燃烧后火焰的蔓延和灾害的扩大。

4. 不产生腐蚀气体

采用对环境无污染的新型特种被覆材料，生产、使用过程和燃烧时不会产生 HCL 等有毒气体，排放的酸气极少，对人员和设备、仪器损害小，更显环保特色。

5. 防水、防紫外线

采用特殊分子结构的绿色环保材料，保证超低吸水率。特殊的紫外线吸水剂，使产品具有良好的防紫外线功能。保证了该类产品使用的安全性、延长了使用寿命。

6. 不含重金属

绝缘与护套材料中不含铅、汞、镉等对人体有害的重金属，在电缆使用过程中及废弃处理时不会对土壤、水源、空气产生污染。且经过苛刻的毒性实验，白鼠在规定的实验条件下安然无恙。

7. 可以回收再生利用

采用的材料应可以回收再生利用，高聚物材料应可以降解或者采用掩埋、焚烧等方式对废弃电缆处理时不会对土壤、水源、空气及人体造成危害。

（四）预分支电缆

预分支电缆是工厂在生产主干电缆时按用户设计图纸预制分支线的电缆，分支线截面大小和分支线长度等是根据设计要求确定的。预分支电缆是高层建筑中母线槽供电的替代产品，具有供电可靠、安装方便、占建筑面积小、故障率低、价格便宜、免维修维护等优点，广泛应用于高中层建筑、住宅楼、商厦、宾馆、医院的电气竖井内垂直供电，也适用于隧道、机场、桥梁、公路等额定电压为0.6/1kV 配电线路中。

预分支电缆按应用类型分为普通型、阻燃性和耐火性三种。

（五）穿刺预分支电缆

穿刺预分支电缆采用 IPC 绝缘穿刺线夹由主干电缆分接，不需剥去电缆的绝缘层即可做电缆分支，接头完全绝缘，且接头耐用、耐扭曲、防震、防水、防腐蚀老化，安装简便可靠，可以在现场带电安装，不需使用终端箱、分线箱，而且主干电缆 10 ~ 120mm²，分支电缆 10 ~ 95mm² 任意组合选用。

（六）绝缘导线

常用的绝缘导线型号与应用场所见表 2–3。

表 2-3　常用的绝缘导线型号与应用场所

敷设方式	导线型号	额定电压 / kV	产品名称	最小截面 / mm²	附注
吊灯用软线	RVS	0.25	铜芯聚氯乙烯绝缘绞型软线	0.5	
	FRS		铜芯丁腈聚氯乙烯复合物绝缘软线		
穿管线槽塑料线夹	BV	0，45/0.75	铜芯聚氯乙烯绝缘电线	1.5	
	BL.V		铝芯聚氯乙烯绝缘电线	2.5	
	BX		铜芯橡胶绝缘线	1.5	
	BLX		铝芯橡胶绝缘线	2.5	
	BXF		铜芯氯丁橡胶绝缘电线	1.5	
	BLXF		铝芯氯丁橡胶绝缘电线	2.5	

续表

敷设方式	导线型号	额定电压 / kV	产品名称	最小截面 / mm²	附注
架空进户线	BV	0.45/0.75	铜芯聚氧乙烯绝缘电线	10	距离应不超过25m
	BLV		铝芯聚氯乙烯绝缘电线		
	BXF		铜芯氯丁橡胶绝缘电线		
	BLXF		铝芯氯丁橡胶绝缘电线		
架空线	JKLY	0.6/1	交联聚乙烯绝缘架空电缆	16（25）	居民小区不小于35mm
	JKLYJ	10	交联聚乙烯绝缘架空电缆	25（35）	
	LJ		铝芯绞线		
	L.GJ		钢芯铝绞线		

常用的绝缘导线有以下几种。

①橡皮绝缘导线 BLX– 铝芯橡胶绝缘线、BX– 铜芯橡胶绝缘线。

②聚氯乙烯绝缘导线（塑料线）BLV– 铝芯塑料线、BV– 铜芯塑料线。

③绝缘导线有铜芯、铝芯，用于屋内布线，工作电压一般不超过 500V。

（七）母线槽

随着现代化工程设施和装备的涌现，各行各业的用电量激增，尤其是众多的高层建筑和大型厂房车间的出现，作为输电导线的传统电缆在大电流输送系统中已不能满足要求，多路电缆的并联使用给现场安装施工带来了诸多不便。插接式母线槽作为一种新型配电导线应运而生。与传统的电缆相比，在大电流输送时充分体现出它的优越性，同时由于采用了新技术、新工艺，大大降低了母线槽两端连接处及分线口插接处的接触电阻和温升，并在母线槽中使用了高质量的绝缘材料，从而提高了母线槽的安全可靠性，使整个系统更加完善。

母线槽的特点是具有系列配套、商品性生产、体积小、容量大、设计施工周期短、装拆方便、不会燃烧、安全可靠、使用寿命长。母线槽产品适用于交流50Hz，额定电压380V，额定电流250 ~ 6300A的三相四线（TN-C 制、TN-S 制）供配电系统工程中。封闭式母线槽（简称母线槽）是由金属板（钢板或铝板）材质的保护外壳、导电排、绝缘材料及有关附件组成的母线系统。可制成每隔一段距离设有插接分线盒的插接型封闭母线，也可制成中间不带分线盒的馈电型封闭式母线。在高层建筑的供电系统中，动力和照明线路往往分开设置，母线槽作为供电主干线在电气竖井内沿墙垂直安装一路或多路。按用途一路母线槽一般由始端母线槽、直通母线槽（分带插孔和不带插孔两种）、L 型垂直（水平）弯通母线、Z 型垂直（水平）母线、T 型垂直（水平）三通母线、X 型垂直（水平）四通母线、变容母线槽、膨胀母线槽、终端封头、终端接线箱、插接箱、母线槽有关附件及紧固装置等组成。母线槽按绝缘方式可分为空气式插接母线槽、密集绝缘插接母线槽和高强度插接母线槽三种。按其结构及用途可分为密集绝缘、空气绝缘、空气附加绝缘、耐火、树脂绝缘和滑触式母线槽；按其外壳材料可分为钢外壳、铝合金外壳和钢铝混合外壳母线槽。

空气式插接母线槽（BMC）。由于母线之间接头用铜片软接过渡，在天气潮湿情况下，接头之间容易产生氧化，使接头与母线接触不良，容易发热，故在南方极少使用。并且接头之间体积过大，水平母线段尺寸不一致，外形不够美观。

密集绝缘插接母线槽（CMC）。其防潮、散热效果较差。在防潮方面，母线在施工时，容易受潮及渗水，造成相间绝缘电阻下降。母线的散热主要靠外壳，由于线与线之间紧凑排列安装，各相热能散发缓慢，形成母线槽温升偏高。密集绝缘插接母线槽受外壳板材限制，只能生产不大于 3m 的水平段。由于母线相间气隙小，母线通过大电流时，会产生强大的电动力，使磁振荡频率形成叠加效应，噪声较大。

高强度封闭式母线槽（CFW）。其工艺制造不受板材限制，外壳做成瓦沟形式，使母线机械强度增加，母线水平段可生产至 13m 长。由于外壳做成瓦沟形式，坑沟位置有意将母线分隔固定，母线之间有 18mm 的距离，线间通风良好，使母线槽的防潮和散热作用有明显的提高，比较适应南方气候；由于线间有一定的空隙，使导线的温升下降，提高了过载能力，并减少了磁振荡噪声。但它产生的杂散电流及感抗要比密集型母线槽大得多，因此在同规格比较时，它的导电排截面必须比密集绝缘插接母线槽大。

插接式母线槽属树干式系统，具有体积小、结构紧凑、运行可靠、传输电流大、便于分接馈电、维护方便、能耗小、动热稳定性好等优点，在高层建筑中得到广泛应用。

二、室外缆线

室外电缆敷设包括 10kV 及以下电力电缆敷设，电缆设施与电气设施相关的建（构）筑物、排水、火灾报警系统、消防施工等。按照城市道路规划要求，应具有符合相关规程要求的电缆敷设通道，电缆敷设分为直埋、排管、隧道和电缆井等几种方式。

（一）电气部分

1. 路径

确定电缆线路通常应符合统一规划、安全运行、经济合理三个原则。电缆路径宜避开化学腐蚀较严重的地段。

2. 环境条件

环境条件应包括：海拔（m）；最高环境温度（℃）；最低环境温度（℃）；日照强度（W/cm²）；年平均相对湿度（%）；雷电日（日/年）；最大风速（持续 2 ~ 3min）（m/s）；抗震设防烈度（度）。

3. 电压等级电缆敷设设计适用电压等级为 0.4kV、10kV

（二）电缆选型

1. 型号

根据使用环境来选择。

2. 导体

10kV 及以下应选用铜芯电缆。

3. 绝缘

10kV 电缆应选用交联聚乙烯绝缘电缆，0.4kV 电缆可以采用交联聚乙烯绝缘电缆，两芯接户线电缆可采用聚氯乙烯绝缘电缆。

4. 护层

电缆护层常用金属护套、铠装、外护层三种。

5. 截面

电缆导体截面的选择应结合当地的敷设环境。10kV 及以下常用电缆可根据制造厂提供的载流量结合当地敷设环境选用校正系数计算。

电缆导体最小截面的选择，应同时满足规划载流量和通过系统最大短路电流热稳定的要求。导体最高允许温度应根据敷设环境温度确定。

电缆芯线截面的选择，除按输送容量、经济电流密度、热稳定、敷设方式等一般条件校核外，10kV 及以下的主干线电缆截面应力求与城市电网一致，每个电压等级可选用 2 ~ 3 种，应预留容量。

（三）电缆附件

1. 额定电压

电缆附件的额定电压用 U_0/U、U_m 表示，不得低于电缆的额定电压。

2. 绝缘特性

电缆附件是连接电缆与输配电线路及相关配电装置的产品。一般指电缆线路中各种电缆的中间连接及终端连接，其绝缘性能应不低于电缆本体。

电缆附件设计采用每一导体与屏蔽或金属护套之间的雷电冲击耐受电压之峰值，即基准绝缘水平 BIL。

户外电缆终端的外绝缘必须满足所设置环境条件（如污秽等级、海拔高度等），并有一个合适的泄漏比距。在一般环境下，外绝缘的泄漏比距应不小于25mm/kV，并且不低于架空线绝缘子的泄漏比距。

3. 机械保护

直埋于土壤中的接头宜加设保护盒。保护盒应做耐腐、防水、防潮处理，并能承受路面荷载的压力。

4.电缆终端和接头装置的选择

外露于空气中的电缆终端装置类型应按以下条件选择：

①不受阳光直接照射和不受雨淋的室外环境应选用户内终端，受阳光直接照射和雨淋的室外环境应选用户外终端。

②电缆与其他电气设备通过连接线相连时，应选用敞开式终端。

（四）防雷、接地和护层保护

1.过电压保护

为防止电缆和电缆附件的主绝缘遭受过电压损坏，应采取以下保护措施：

①露天变电站内的电缆终端，必须在站内的接闪杆或接闪线保护范围以内；

②电缆线路与架空线相连的一端应装设避雷器；

③电缆线路在下列情况下，应在两端分别装设避雷器；

④电缆一端与架空线相连，而线路长度小于其冲击特性长度；

⑤电缆两端均与架空线相连。

2.电缆接地

电缆金属保护套、铠装和电缆终端支架必须可靠接地。

（1）避雷器的特性参数

保护电缆线路的避雷器应符合以下规定：

①冲击放电电压应低于被保护的电缆线路的绝缘水平，并有一定裕度；

②冲击电流通过避雷器时，两端子间的残压值应小于电缆线路的绝缘水平；

③当雷电过电压侵袭电缆时，电缆上承受的电压为冲击放电电压和残压，两者间数值较大者称保护水平；

④避雷器的额定电压，对于10kV及以下中性点不接地和经消弧线圈接地的系统，应分别取最大工作线电压的110%和100%。

（2）接地

电缆线路直埋时，接地应根据所敷设的现场环境确定，若敷设于变电站内或距电气设备的接地网较近处，电缆线路两端应与变电站内和电气设备的接地网可靠连接；若电缆线路全线敷设，且敷设较长、周围无接地网，电缆线路两端应分别设独立的接地装置，且接地电阻满足相关规范要求。电缆的金属屏蔽层和铠装、电缆支架和电缆附件的支架必须可靠接地。

（3）护层的过电压保护

①三芯电缆的金属护层一般两端直接接地。

②实行单端接地的单芯电缆线路，为防止护层绝缘遭受过电压的损坏，应按规定安装金属护套或屏蔽层电压限制器，并满足规范要求。

（五）土建部分

1. 直埋敷设

①当沿同一路径敷设的室外电缆小于或等于 8 根且场地条件较好时，宜采用电缆直接埋地敷设。在人行道下或道路边，也可采用电缆直埋敷设。

②埋地敷设宜采用有外护层的铠装电缆。在无机械损伤可能的场所，也可采用无铠装塑料护套电缆。在流沙层、回填土地带等可能发生位移的土壤中，应采用钢丝铠装电缆。

③在有化学腐蚀或杂散电流腐蚀的土壤中，不得直接埋地敷设电缆。

④电缆在室外直接埋地敷设时，电缆外皮至地面的深度应不小于 0.7m，并应在电缆上下分别均匀铺设 100mm 厚的细沙或软土，并覆盖混凝土保护板或类似的保护层。

⑤在寒冷地区，电缆宜埋设于冻土层以下。当无法深埋时，应采取措施，防止电缆受到损伤。

⑥电缆通过有振动和承受压力的地段时应穿导管保护，保护管的内径应不小于电缆外径的 1.5 倍。

⑦埋地敷设的电缆严禁平行敷设于地下管道的正上方或下方。

⑧电缆与建筑物平行敷设时，电缆应埋设在建筑物的散水坡外。电缆进出建筑物时，所穿保护管应超出建筑物散水坡 200mm，且应对管口实施阻水堵塞。

2. 排管敷设

①电缆排管内敷设电缆根数不宜超过 12 根，不宜进行直埋或电缆沟敷设。

②电缆排管可采用混凝土管、混凝土管块、玻璃钢电缆保护管及聚氯乙烯管等。

③敷设在排管内的电缆宜采用塑料护套电缆。

④电缆排管管孔数量应根据实际需要确定，并应预留备用管孔。备用管孔数应少于实际需要管孔数的 10%。

⑤当地面上均匀荷载超过 100kN/m² 时，必须采取加固措施，防止排管受到机械损伤。

⑥排管孔的内径应不小于电缆外径的 1.5 倍，且电力电缆的管孔内径应不小于 90mm，控制电缆的管孔内径应不小于 75mm。

⑦电缆排管敷设时应符合下列要求。

A. 排管安装时，应有倾向人（手）孔侧不小于 0.5% 的排水坡度，必要时可采用人字坡，并在人（手）孔井内设集水坑。

B. 排管顶部距地面不宜小于 0.7m，位于人行道下面的排管距地面应不小于 0.5m。

C. 排管沟底部应垫平夯实，并铺设厚度不低于 80mm 的混凝土垫层。

⑧当线路转角、分支或变更敷设方式时，应设电缆人（手）孔井，在直线段上应设置一定数量的电缆人（手）孔井，人（手）孔井间的距离不宜大于 100m。电缆人孔井的净空高度应不小于 1.8m，其上部人（手）孔的直径应不小于 0.7m。

3. 电缆沟和电缆隧道敷设

①在电缆与地下管网交叉不多、地下水位较低或道路开挖不便且电缆需分期敷设的地段，当同一路径的电缆根数少于或等于 18 根时，宜采用电缆沟布线。当电缆根数多于 18 根时，宜采用电缆隧道布线。

②电缆水平敷设时，最上层支架距离电缆沟顶板或梁底的净距，应满足电缆引接至上侧托盘时允许弯曲半径的要求。

③电缆在电缆沟或电缆隧道内敷设时，支架间或固定点间的距离应不大于

表 2-4 的规定。

表 2-4　电缆支架间或固定点间的最大距离

单位：mm

电缆种类		敷设方式	
		水平	垂直
电力电缆	全塑型	400	1000
	除全塑型外的中低压电缆	800	1500
	35kV 及以上高压电缆	1500	2000
控制电缆		800	100

④电缆支架的长度，在电缆沟内不宜大于 0.35m；在隧道内不宜大于 0.50m；在盐雾地区或化学气体腐蚀地区，电缆支架应涂防腐漆、热镀锌或采用耐腐蚀刚性材料制作。

⑤电缆沟和电缆隧道应采取防水措施，其底部应做不小于 0.5％的坡度坡向集水坑（井），积水可经逆止阀直接流入排水管道或经集水坑（井）用泵排出。

⑥在多层支架上敷设电力电缆时，电力电缆宜放在控制电缆的上层。1kV 及以下的电力电缆和控制电缆可并列敷设。当两侧均有支架时，1kV 及以下的电力电缆和控制电缆宜与 1kV 以上的电力电缆分别敷设在不同侧支架上。

⑦电缆沟在进入建筑物处应设防火墙。电缆隧道进入建筑物及配变电所处，应设带门的防火墙，此门应为甲级防火门并装锁。

⑧隧道内采用电缆桥架、托盘敷设时，应符合电缆桥架布线的有关规定。

⑨电缆沟盖板应满足可能承受荷载和适合环境且经久耐用的要求，可采用钢筋混凝土盖板或钢盖板，可开启的地沟盖板的单块重量不宜超过 50kg。

⑩电缆隧道的净高不宜低于 1.9m。局部或与管道交叉处净高不宜小于 1.4m。隧道内应有通风设施，宜采取自然通风。

⑪电缆隧道应每隔不大于 75m 的距离设一个安全孔（人孔）；安全孔距隧道的首、末端不宜超过 5m。安全孔的直径不得小于 0.7m。

⑫电缆隧道内应设照明，其电压不宜超过 36V，当照明电压超过 36V 时，应

采取安全措施。

⑬与电缆隧道无关的其他管线不宜穿过电缆隧道。

（六）电缆工作井

1.种类

①电力电缆井分为直通型、三通型、四通型、转角型四种形式。

②电力电缆井规格分为小号、中号、大（一）、大（二）、大（三）五种规格。

2.设计原则

①工作井长度根据敷设在同一工作井内最长的电缆接头以及能吸收来自排管内电缆的热伸缩量所需的伸缩弧尺寸决定，且应满足在寿命周期内电缆金属护套不出现老化现象。

②工作井间距按牵引力不超过电缆容许牵引力来确定。

③工作井需设置集水坑，集水坑泄水坡度不小于0.3%。

④每座工作井设人孔1个，用于采光、通风以及工作人员出入。人孔基座的预留尺寸及方式可根据实际运行情况适当调整。

⑤人孔的井盖材料可采用铸铁或复合高强度材料等，井盖应能承受实际荷载要求。

⑥在10%以上的斜坡排管中，在标高较高一端的工作井内设置防止电缆因热伸缩而滑落的构件。距住宅建筑外墙3～5m处设电缆井是为了解决室外高差，有时距离3～5m让不开住宅建筑的散水和设备管线，电缆井的位置可根据实际情况进行调整。

3.附属设施

①工作井内所有的金属构件均应做防腐处理并可靠接地。

②常用的电缆吊架制作完成后，可在现场进行组装，根据电缆工作井内所敷设电缆的规模设置吊架，长度一般选1.0m、1.6m、2.0m。

（七）防火设计

1.电缆选型

敷设在电缆防火重要部位的电力电缆，应选用阻燃电缆。敷设在变、配电站电缆通道或电缆夹层内，自终端起到站外第一接头的电缆，宜选用阻燃电缆。一般情况下，建议采用阻燃电缆。

2.电缆通道

（1）总体布置

变电站二路及以上的进线电缆，应分别布置在相互独立或有防火分隔的通道内。变电站的出线电缆宜分流。电缆的通道数宜与变电站终期规模主变压器台数、容量相适应。电缆通道方向应综合负荷分布及周边道路、市政情况确定。在电缆夹层中的电缆应理顺并逐根固定在电缆支架上，所有电缆走向按出线仓位顺序排列，电缆之间应保持一定距离，不得重叠，尽可能少交叉，如需交叉，则应在交叉处用防火隔板隔开。在电缆通道和电缆夹层内的电力电缆应有线路名称标识。

（2）防火封堵

为了有效防止电缆因短路或外界火源而被引燃或沿电缆延燃，应对电缆及其构筑物采取防火封堵分隔措施。

电缆穿越楼板、墙壁或盘柜孔洞以及电缆管道两端时，应用防火堵料封堵。防火封堵材料应密实无气孔，封堵材料厚度应不低于 100mm。

（3）电缆接头的表面阻燃处理

电缆接头应加装防火槽盒，进行阻燃处理。

3.电缆隧道

对电缆可能着火导致严重事故的回路、易受外部影响波及火灾的电缆密集场所，应有适当的阻火分隔，并按工程的重要性、火灾概率及其特点经济合理地采取安全措施。

（1）阻火分隔封堵

建筑阻火分隔包括设置防火门、防火墙、耐火隔板与封闭式耐火槽盒。防火门、防火墙用于电缆沟，电缆桥架以及上述通道分支处及出入口。

（2）火灾监控报警和固定灭火装置

在电缆进出线集中的隧道、电缆夹层和竖井中，如未全部采用阻燃电缆，为了把火灾事故限制在最小范围内，尽量减少事故损失，可加设监控报警、测温和固定自动灭火装置。在电缆进出线特别集中的电缆夹层和电缆通道中，可加设自动喷水灭火、水喷雾灭火或气体灭火等固定灭火装置。

第二节　建筑照明系统

一、照明系统概述

照明是现代建筑中重要的组成部分，既可以为建筑物内外提供必需的光源，还可以对建筑物进行装饰，使建筑物更具有美感。电气照明设计是对光线进行设计和控制，使之符合建筑物和周围环境对光线的要求。为了更好地理解电气照明设计，必须掌握照明技术的一些基本概念。

（一）常用的光学物理量

光是一种电磁波，它的波长在 380 ~ 780nm，能给人不同颜色的视觉，称为可见光。波长大于 780nm 的红外线，无线电波和波长小于 380nm 的紫外线以及 X 射线都不能引起人眼的视觉反应，称为不可见光。人们通常说的光，都是指可见光。描述光量的多少有两种方式：一是以光的能量表达，通称为辐射量。二是以人眼的视觉效果表达，常称为光度量。在照明技术中都以光度量来描述光的强弱。

1. 光通量

光源在单位时间内向周围空间辐射出的能使人眼产生光感的能量称为光通量，单位为流明（lm），它是表征光源特性的光度量，常用字母 φ 表示。

光通量是光源发光能力的一个基本量。例如：一只 220V 40W 的白炽灯的光通量为 350lm。一只 220V 36W 的荧光灯的光通量为 2500lm。

2. 发光强度

光源在空间某一方向上单位立体角内发射的光通量，称为光源在这方向上的发光强度，其单位为坎德拉（cd），通常用字母 I 表示。

发光强度平均值等于立体角元的光通量 φ 除以立体角元 ω。坎德拉（cd）等于流明（lm）除以球半径（sr）。

以某一点为中心的空间，相当于以该点为球心的球，球的表面积为 $4\pi R^2$，所以空间的立体角为 4π。

发光强度常用来说明光源和灯具发出的光通量在空间各方向或某方向上的分布密度。若以某一光源为原点，以各角度上的发光强度为长度的各点连成一曲面，称为该光源的光强曲面，也称配光曲面，配光曲面反映光源在各个方向上的发光强度。例如，一个均匀的发光源，其各个方向上的发光强度是一样的，其配光曲面是一个球形面。

为了提高某一方向的发光强度，可以加灯罩或反光设备。

3. 照度

照度表示工作面被光照射的程度，通常用单位面积上接受到的光通量表示，其单位为勒克斯（lx），即 $1m/m^2$，通常用字母 E 表示。

晴天阳光直射下的照度为 10000lx，满月晴空月光的照度为 0.2lx。要看清物体的真面目，需要 50lx。

国家对各种工作面的照度都有具体要求，电气照明设计时要严格按照国家标准选择照明设备。

4. 亮度

亮度是一个单位表面在某一方向上的光强度。单位为尼特，等于坎德拉／平方米（cd/m²），它与照度的区别是与被照物体材料的反光性能有关，照度是对被照物而言，亮度是对人的视觉而言。

亮度和照度都可以作为建筑照明的规范标准。

5. 光源发光效率

电光源发出的光通量中与该电光源消耗的电功率 F 的比值称为光源发光效率，单位为 1m/W。

6. 灯具效率

灯具所反射的光通量与光源发射到灯具上光通量的比值称为灯具效率。

（二）照明质量指标

光有颜色，物体有颜色是人的视觉特性的反应。人的视觉是受大脑支配的，对于同一种颜色，不同人可能有不同反应。现在所说的颜色是绝大多数人认同的。不受其他因素影响。光的颜色有三个基本特性：色相、纯度、明度。色相是由光的波长决定的，例如，红色波长为 700nm，蓝色波长为 546.1nm，绿色波长为 435nm。纯度，是指色彩的纯净程度。单色光的纯度最高，当掺入其他色光，纯度就下降。明度，是指色彩的明亮的程度。它与光通量有关，光通量越大就越明亮。照明与光的特性有关，光的技术参数就是照明的质量指标。

1. 光源的色温与显色性

光源的色温：光的颜色可以用光的波长表示，但是各种波长的光掺杂在一起，光的颜色就无法再用波长表示，而是用色温表示。如果一个物体能够在任何温度下将任何波长的辐射全部吸收，不发出辐射，这个物体就称为绝对黑体。绝对黑体是不存在的，一般认为温度为绝对温度零度时的黑体为绝对黑体。当温度升高后，黑体不仅会吸收光波，还会发出光波。不同温度发出的光波是不一样的。色温，是指光源发射光的颜色与黑体发出光的颜色相同时的黑体温度，也称该光源的色温，用绝对温标 K 表示。也就是将标准黑体（例如铁）加热，温度升高至某一程度时颜色变化为：红→浅红→橙黄→白→蓝白→蓝。某光源的光色与黑体在某一温度下呈现的光色相同时，我们将黑体当时的绝对温度称为该光源的色温度。色温度在 3000K 以下时，光色就开始偏红，给人一种温暖的感觉。色温度超过 5000K 时则偏向蓝光，给人一种清冷的感觉。色温在 3000 ~ 5000K，让人产生爽快感。照明设计就是要根据不同场合选择不同色温的光源，使人们获得舒适感。

光源的显色性：指被光源照射物体显示颜色的性能，其显示的颜色越好，显色指标就越高，最高值为 100。通常用 R 表示显色性。被照物体的颜色在日光下显现的颜色最准确、最真实。不同光源作用下，其显色效果就不一样。

光源的色温与显示指标是不同的概念，没有必然关系。

2. 眩光

所谓眩光，就是一种使人的视觉产生不适感，甚至头晕的光线。一般是由于光线的亮度和分布不合适及照度不稳定产生的。眩光可分为直接眩光和反射眩光两种。直接眩光是由发光体发出的光线引起的，反射眩光是由发光体照射到被照物的反射光引起的。在电气照明设计中要避免眩光的出现。

3. 照度和照度的均匀度

照度和亮度分布是否合理，对人们的视力健康和工作效率有直接影响。照度均匀度指工作面上的最低照度与平均照度的比值。照度和照度均匀度在不同工作面都有严格规定。例如，住宅建筑的照度一般不低于 100lx，照度均匀度不低于 0.7。

4. 照度的稳定性

照度的稳定性指被照物上的照度随时间变化的程度。照度不稳定一般是由电源端电压不稳定、照明设备摆动、被照物转动、光源转动等原因引起的。

（三）照明种类

我国将照明分为工业企业照明和民用建筑照明两种。前者适用于工厂生产车间，露天工作场所，辅助建筑和交通运输线路等；后者适用于住宅、办公室、商场、医院、旅社、饭店、图书馆、体育场馆、交通客运站等。

建筑照明也可以按照明设备安装位置分为建筑物内照明和建筑物外照明两种。

建筑照明也可以按建筑物的功能进行分类。有道路照明、公园照明、景观照明、广场照明、溶洞照明、水景照明、广告照明、橱窗照明、装饰照明、警示照明、泛光照明和艺术照明等。

二、照明的光电源

除了太阳光，建筑照明的光都是由电能转换而来的。由电能转换为光能的设备称为电光源，也称为照明灯。按其工作原理电光源可分为以下几种。

（一）热辐射发光光电源

其是利用电阻丝加热到白炽程度而产生热辐射发光的。电阻丝一般是钨丝。例如：白炽灯、卤钨灯（碘钨灯、溴钨灯）。这类灯的结构简单，不需要辅助设备。

（二）气体放电光电源

其是利用气体电离而产生放电发光的。例如：荧光灯、低压钠灯、高压钠灯、高压汞灯、高压钨灯以及金属卤化灯。这类灯的结构较复杂，多数需要辅助设备。

（三）电致发光

其是将电能直接转换为光能。这是特定的固态材料在电场的作用下正负电子复合时释放出来的光能量。有多种类型的发光面板和发光二极管。由发光二极管制成的照明灯简称 LED。这种特定固态材料是一种化合半导体。

常见的照明灯有以下几种。

1. 白炽灯

人类最早的电灯，价格便宜，光色好，显色性好，无频闪，但发光效率低，使用寿命短，大约1000h，适用家居、商场、宾馆等照明。由于性价比低，除了一些特殊场合使用，其他已逐步停止使用。

2. 卤钨灯

与白炽灯的差别是灯管里充有卤元素或卤化物。卤元素有氟、氯、溴、碘等。灯管充有碘的称为碘钨灯，灯管充有溴的称为溴钨灯。碘钨灯在温度升至100℃时，碘与灯丝蒸发的钨合成碘化钨，碘化钨极不稳定，当它接近灯丝最高温时，便立即分解为碘和钨，钨又回到灯丝上，使灯丝钨的损耗减慢，延长灯的寿命。与白炽灯相比，卤钨灯发光效率高了好几倍，光色更白一些，色调更冷一些，显色性更好，但不适宜调光，适用于需要大面积照明和定向投影照明的场所。为了使在灯泡壁生成的卤化物处于气态，卤钨灯不适用低温场合。双端卤钨灯应水平安装，倾斜角度不得超过4°，其周围不准放置易燃物品。要防止震动和撞击，也不适用移动照明。

3. 荧光灯

灯管内壁涂有荧光粉，管内抽真空，加入一定数量的汞、氯、氟、氮等气体。由钨丝组成的两端电极发射电子，使气体电离，电离子撞击荧光粉而发光，并非电离气体直接发光。荧光灯的附件有启辉器和镇流器。它的优点是发光效率高，使用寿命较长，达2000～10000h，光谱接近日光，有日光灯美称，显色性好。缺点是功率因数低，受电压变化影响大，会频闪，低温不易启动，附件有噪声。采用高性能的电子镇流器可以克服上述缺点。荧光灯常用于图书馆、商店、教室、地铁、隧道、办公室等照明。

4. 低压钠灯

一般低压钠灯由内外玻璃管、电极和灯头等组成，内层玻璃管充有钠，有的还充有氖氩混合气体以便于启动，内壁涂有氧化物以提高发光效率，外层玻璃管抽成真空。这类灯的光色呈橙黄色，显色性差，启动电压高，多数由漏磁式变压器启动，从启动到稳定需要8～10min，但发光效率高，每瓦可发出150～200lm的光通量，穿透云雾能力强，使用寿命长，常用于铁路、公路、广场等对显色性要求不高的大面积场所。

5. 高压钠灯

与低压钠灯的差别是，高压钠灯玻璃管内充有高压钠蒸汽，使灯管的体积缩小，光色和显色性得到一定的改善，紫外线辐射少。这类灯的光色偏黄，显色性不太好，受电压变化影响大，不适合要求快速点亮的场所，发光效率高，穿透性能好使用寿命长，被广泛用于高大的厂房、体育馆、车站广场以及城市道路等场所。

6. 高压汞灯

利用高压汞蒸气放电发光。光色为青蓝色，显色性差，发光效率低，不利于环保，已逐步被淘汰。

7. 金属卤化物灯

其原理和结构与高压汞灯是一样的。金属卤化物比汞难激发，所以金属卤化物灯也加入了少量的汞，使之容易启燃。启燃后，金属卤化物放电辐射起主要作用。加入不同的金属卤化物就可以产生不同的光色。例如，白色的钠铊铟灯，日光色的镝灯，绿色的铊灯，蓝色的铟灯。这类灯体积小质量轻，发光效率较高，大约为每瓦70lm，显色性较好，但熄灭后不容易再启燃，一般再启燃需5～20min。广泛应用在室外照明，如广场、车站、码头等大面积场所。

8. 氙灯

利用高压氙气放电发光，简称HD灯。结构上分为长弧灯（管状）和短弧灯（球状）。有直流和交流两种。其功率为1万瓦至几万瓦，光色接近日光，有小太阳美称，工作温度高，需要冷却，有自然冷却、风冷却和水冷却三种。光效率为每瓦20～50lm，使用寿命为5000～10000h。需用触发器启动。广泛用于广场、港口、机场、体育馆等。

9. 霓虹灯

利用充入玻璃管内的低压惰性气体，在高压电场下冷阴极辉光放电而发光。霓虹灯的光色由充入惰性气体的光谱特性及玻璃管颜色决定。它需要专用升压变压器供电。霓虹灯能产生五颜六色的光，犹如天空的彩虹，因此得到霓虹之美称，它广泛用于需要灯光装饰的场合。

10.LED 灯

这类灯是二极管 P–N 结在正向电压作用下，N 区电子穿越 P–N 结向 P 区注入，与其空穴复合，而释放光能发光的。这类灯体积小、质量小、耗电省、寿命长、亮度高、响应快，有替代白炽灯、荧光灯的趋势。现常用于广告显示屏，数码显示器件。由于其价格贵，广泛推广受到一定限制，但随着价格的下降，将会得到广泛的使用。

电光源型号的表示方式：一般电光源型号分为五个部分。第一部分是由三个以下的字母表示的电光源的类型，例如：PZ 普通白炽灯、PZF– 反射照明灯、ZS 装饰灯、SY– 摄影、LJG 卤钨灯、YZ 直管荧光灯、YU–U 形荧光灯、YH 环形荧光灯、YZZ 自镇流荧光灯、ZW– 紫外线灯、GGY 荧光高压汞灯、GYZ 自镇流荧光高压汞灯、ND 低压钠灯、NG 高压钠灯、XG 管型氙灯、XQ 球形氙灯、D 金属卤化物灯、DDG 管型镝灯。第二部分是用数字表示电光源的额定电压，绝大多数是 220V，该部分可省略。第三部分是用数字表示额定功率。第四部分是用字母表示，第五部分是用数字表示，这两部分表述该光电源的某些特性，例如，有的第四部分表述该灯的发光颜色，RR 表示日光色，RL 表示冷光色，RN 表示暖光色，这两部分也可省略。例如，灯泡的型号为 YZ4ORR，YZ 表示其为直管荧光灯，40 表示其额定功率为 40W，RR 表示该灯发光为日光色。

照明设备除了照明灯，还有照明灯具。照明灯具是用来透光、分配和改变光源光分布的器具。包括固定和保护光源的零部件以及与电源连接所必需的附件。灯具的主要作用为：①控制光线分布。利用灯具反射罩、散光罩、透光棱镜、栅格等将光源发出的光线重新进行分配，以满足被照物体对光线分布的要求，提高光源效率。②保护光源和保障安全。使光源安装时具有足够的机械强度，免受外界的机械损伤和污染，将光源产生的热量散发掉，减小光源的热损坏，防止触电和短路，保证人身安全和保护人的眼睛。③美化环境。灯具具有装饰功能，使照明环境更加优美。

灯具按照光通量在空间分布情况分为直接型、半直接型、均匀慢射型、间接型和半间接型。按照灯具的结构分为开启型、闭合型、封闭型、密闭型、防隔爆型、防振型和防腐型。按照安装方式分为壁灯、吸顶灯、嵌入式灯、吊灯、地脚灯、台灯、落地灯、庭院灯、道路广场灯、移动式灯、自动应急灯、彩灯、投光灯、专业用灯。按安全等级分为 0、Ⅰ、Ⅱ、Ⅲ 四类，0 级安全等级最低，已不生产。一般采用Ⅰ级、Ⅱ级。只有在恶劣环境下才采用Ⅲ级，它的电压低于 50V。

灯具的选择除满足使用功能和照明质量的要求，还要便于安装和维护，尽量降低运行费用。

照明灯除了需要灯具，还需要控制设备，通称为开关。它是用来接通或断开照明灯与电源的连接。开关的类型：最常用的有手控开关，照明灯接通时间和断开时间由人控制；定时开关，照明灯接通和断开是由时间或光线亮度等自动装置控制的，多用于道路照明和特定场合；限时开关，手动瞬时接通，延时自动断开，多用于需要短时照明的场所；声控开关，由声音控制，接受到声音后瞬时接通，延时断开，多用于过道，电梯照明；光控开关，由光线控制，天黑接通，天亮断开，用于道路照明；红外线开关，当人进入照明区时，瞬时接通，当人离开照明区时，延时断开。

有些场合还需要调光装置，功能是调节光的强弱、光色、光投射的方向等，它由传感器、时间管理器、调光模块、场景切换控制面板、手持式编程器、液体显示触摸屏、PC 监控机等部件组成。多用于剧场、演唱会、娱乐场所、酒吧以及体育馆等。

三、建筑物照明设计

照明不仅为人们提供光线，还为人们营造优雅、温馨、舒适的环境，使人们的生活更加舒适，丰富多彩。建筑物照明系统设计是建筑电气设计的重要组成部分，是照明系统安装施工、运行维修的依据。照明系统包括照明设备及其布置，照明设备的控制和调节，照明布线系统，照明供电系统。建筑照明系统设计应根据建筑物业主对照明的需求和建筑照明有关规程进行。

建筑照明分为建筑物内照明和建筑物外照明。一般建筑物内照明有房间照明、大厅照明、走廊照明、过道照明、楼梯照明等。特定建筑有图书馆、医院、仓库、体育馆、健身馆、车站、码头、博物馆、超市、展览馆、旅社、商店、礼堂、厂房等。这些建筑照明都有特殊要求，应专门设计。建筑物外照明有建筑物外墙装饰照明、道路照明、广场照明、体育场照明、景观照明等。

（一）一般建筑物内照明设计

①根据房间的功能、高度、面积、照度要求、照明均匀性要求、光色要求，选择照明设备型号和数量。

②确定照明设备和照明控制设备的布置方案。这包括照明设备的排列，采用光控或声控或手控。当采用手控时，应选定单控或双控。并确定控制设备的位置。

③进行照明计算，校验实际照度是否满足要求。如果未能满足要求，应修正照明设备的数量和布置方案。

④根据照明设备的容量，选定照明导线的型号和截面积，确定导线走向。

⑤确定照明电源（配电系统设计时，就应确定）。

⑥绘制照明安装图。制作设备和材料清单。

（二）照明系统设计时的几个问题

1. 照明设备的选择

应尽量选择高效能的照明灯。住宅、办公室可选低功率的紧凑型、环型、直管型荧光灯或 LED 灯。室外可选大功率的金属卤化物灯，大广场可选氙灯。广告、装饰场所可选霓虹灯或 LED 灯等。选择照明灯除了考虑光通量，还应考虑光色，用于阅读、书写的地方应选白光；气氛热烈的地方除了白光，还应配上红光；温馨的地方应选蓝光；幽静的地方应选绿光；会客闲聊的地方应选黄光。

2. 照明灯的布置

住宅房间一般装一盏灯，可采用嵌入式吸顶灯，多数布置房间正中。大厅、客厅、餐厅，如果房间高度足够，可采用吊灯，布置在正中。灯的最下端离地面不得低于 2.4m。大教室、会议室等采用多盏照明灯时，若采用圆形灯，可以点式均匀布置，若采用管形灯，可以线式均匀布置。为了保证照度的均匀性，两盏灯之间的距离与灯至工作面的垂直高度之比不得高于有关规定。为了造型美观，可将天棚和照明灯组合布置，将照明灯装在天棚透明玻璃内，组成正方形、矩形、圆形、口字形等各种形态的天棚。

3. 推广绿色照明

所谓绿色照明就是使用高效能的光源，高效灯具和现代化控制设备；节省照明电能，预防光污染，禁止使用容易造成污染的照明产品。例如，选用节能灯，采用声控开关和限时开关，不使用含有重金属（如汞）的照明灯。

第三节　防雷与接地

一、雷电基本知识

雷电是一种自然现象，常常给人类生命财产造成巨大损失，对建筑物和建筑物内的设备也会造成严重破坏。为了减少雷电造成的破坏，在建筑电气设计时采用防雷技术是至关重要的。雷击形式有直击雷、感应雷，还有雷电波入侵，高电位反击和球形雷击等。

（一）直击雷

天空中的云层是由雾状水滴形成的，是不带电的。但在大气的光、热、风、电磁场作用下，局部云层带上正电荷或负电荷，便形成所谓的雷云。据雷电研究者观察和分析，雷云的电荷分布分为三个区：最上部的正电荷区，中间的负电荷区和最下部的正电荷区。一般中间负电荷区的电量最多，对大气空间产生的电场起决定性作用，上部正电荷区的电量次之，下部正电荷区的电量最少。随着雷云迅速聚集和扩大，空间的电场强度快速上升，当局部区域的电场强度达到每厘米一万伏及其以上时，带正负电荷雷云之间的空气介质会被击穿，正电荷冲向负电荷，负电荷冲向正电荷，正负电荷迅速中和，正负电荷中和时释放大量能量，这能量以光能和热能形式出现，由于正负电荷的中和过程是在几十微秒至几百微秒内一个很狭长的通道中完成，并以闪光的形式出现，这就是人们看到的闪电，其热能将周围的空气加热，空气快速膨胀，产生巨大的声音，这就是人们听到的雷声。人们将天空云层发生的雷电称为云雷或天雷。

带有负电荷的云层向地面上的建筑移动时，在静电感应作用下，靠近带电云层的建筑物和地面就会带上正电荷。当云层与建筑物、地面之间的电场强度达到能击穿它们之间的空气层时，云层的负电荷冲向地面，形成向下先导，地面的正电荷冲向云层形成向上先导。在正负电荷中和过程中，同样会产生闪电和巨响，这种雷击称为地雷，它与军事上的地雷是同名不同性。向下先导和向上先导的会合点与建筑物的距离，称为闪击距离。雷电流幅值越大，闪击距离越大。

由负电荷雷云对地面形成的放电，称为负闪击或负极性雷击；相反，由正电荷雷云对地面形成的放电，称为正闪击或正极性雷击。根据观测记录，90%的闪击是负极性的。正极性雷击的放电电流比较大，最大幅值可达数百千安。

云层与大地之间的雷击称为直击雷。其雷电流都很大，造成的破坏作用也很大，致使人畜伤亡、房屋倒塌、设备损坏、森林大火等。

为了防避直击雷的危害，目前能采用的防雷方法有三种：一是消雷，即在有限的空间内使雷云所带的电荷中和，例如，火箭消雷、激光消雷、人工干扰消雷等。二是避雷，通过人工接闪器进行放电，将雷电流导入大地，避免对建筑物的损坏。例如，避雷针、避雷线、避雷带、避雷网等。

（二）感应雷

感应雷分为静电感应和电磁感应，它们是伴随直击雷而产生的。

1.静电感应

当带正电荷或负电荷的云层接近地面建筑物或其他物体时，能使其表面感应而带上异性电荷，这就是静电感应现象。这种感应现象在什么情况下会产生雷电呢？例如：在架空输电线的上方有一块带负电荷的雷云，此时架空输电线上就会感应而聚集大量的正电荷。这些正电荷受雷云的负电荷束缚，不能向别处移动。当雷云的负电荷与架空线以外的建筑物或地面发生雷击时，架空线上的雷云的负电荷就会被迅速中和，架空线被束缚的正电荷便得到释放，沿着架空线的两端运动，形成过电压冲击波，这种冲击波会使与导线相连接的用电设备遭到破坏。

2.电磁感应

在雷击时，雷电流由零迅速上升而后又下降，这变化的电流便在周围产生了变化的磁场，变化的磁场就会在输电线、信号线、金属导管上感应脉冲电压，当构成回路时，便产生脉冲电流，从而使回路中的电气设备受损。

感应雷与直击雷不同，没有闪光和雷声；脉冲电压和电流相对较小，脉冲电压峰值一般为数千伏至上万伏，脉冲电流峰值一般为数千安至数十千安，放电时间较长，电气设备受损的概率较大。

目前对付感应雷的办法是：安装电涌保护器 SPD（Surge Protective Device），其功能是限幅、分流，把感应电压幅值限制在安全值以下，并将感应电流泄放入地；进行电磁屏蔽，即把要保护的用电设备用金属网屏蔽起来，阻止感应雷入侵。

（三）雷电波侵入

当雷电击中户外架空线路、地下电缆或金属管道时，雷电波就会沿着这些管线入侵室内，使与其相连的用电设备遭到破坏，并使与用电设备相接触的人身遭受伤害，这称为雷电波入侵。除了直击雷，感应雷也会出现雷电波入侵的情况。

防止雷电波入侵的方法有在输电线、信号线入户处安装避雷器，电涌保护器；将电缆穿金属管道埋地引入，并将金属管道可靠接地。

（四）高电位反击

在装有防雷装置的场所，都有专用的接地点，各接地点都有一定数值的接地电阻，当通过防雷装置的雷电流泄放入地时，接地点将产生瞬时高电位，这种高电位对用电设备或金属物体产生反击，导致相关的设备受损，并使与其相接触的人遭受伤害。

防止高电位反击的方法：尽量减少接地点的接地电阻；电气设备、金属物体与防雷装置的接地点保持足够的距离；建筑物应采用以基础钢筋为接地体的公用接地系统，并将室内电气设备金属外壳、支架、管道、电缆桥架等与公用接地系统进行等电位连接。

（五）球形雷击

球形雷是伴随大气中雷电现象产生的一种球形闪电，简称球闪。其外形像一团发光的火球，飘忽不定，遇到障碍物就会爆炸，对人身和设备造成伤害。

根据对直击雷放电电流的观察记录和分析可知，雷击时间一般为几毫秒至几百毫秒，雷电流为几千安至几百千安。雷电流的波形大致可以分为两种：一种是短时雷击，短时雷击又可分为首次短时雷击和后续短时雷击，其雷击波形基本一致，只是前者的电流峰值较高，而后者的雷击时间较长；另一种是长时间雷击。所谓短时雷击就是雷电流从零急速上升到峰值，然后缓慢下降到零。所谓长时间雷击就是雷电流从零跳跃到峰值，平稳一段时间，最后跳跃到零。

一次雷击虽然时间很短，但产生的能量很大，而且大部分转换为被击物体产生的热量，从而引发火灾，例如森林火灾。

现代防雷体系一般分为三种：一是高空防雷区，离地面 2 ~ 14km 的大气空间为高空区，这一空间的雷击主要对飞机、飞行器、航天器、火箭等造成危害。防雷措施主要为消雷。二是低空防雷区，地面至离地面 2km 的大气空间为低空区，这一空间有直接雷击，还有雷电感应过电压，容易对人类和各种动物以及财产造成直接危害。防雷措施有安装避雷针、避雷线、避雷带、避雷网、避雷器、电涌保护器等。三是地下防雷区，指地面以下的防雷区域，例如地下隧道、地铁、地下矿井、地下电缆、地下光纤等。这一区域的防雷措施主要是安装避雷线（与电缆、光纤平行的金属导线），在电缆、光纤外加装金属管。

二、建筑物防雷措施

建筑物与建筑物内的设备都有可能受到直接雷击、感应雷击、雷电波入侵、雷电波高电位反击、球形雷击等，这些袭击会产生电磁效应、热效应、机械效应，对建筑物及其设备造成危害。为了减少雷电造成的危害，必须采取相应的防雷措施。但是增加防雷装置需要增加建筑物的投资，因此首先要分析建筑物受雷击的程度和对建筑物防雷措施进行分类，使投资和防雷效果达到最佳。

建筑物受雷击的程度用年预计雷击次数表示。这个数值越大，说明建筑物受雷击越严重。这一指标与建筑物的大小、形状、地理位置、周围环境以及当地年平均雷暴日等因素有关。

目前按防雷要求将建筑物分为三类。第一类防雷建筑物指具有爆炸危险的建筑物。第二类防雷建筑物指国家级和公用，年雷击次数大于 0.3 次的建筑物。第三类防雷建筑物指一般建筑物。

（一）建筑物外主要防雷措施

建筑物外主要是防直击雷。防直击雷的装置由接闪器、引下线和接地装置三部分组成。

接闪器有避雷针、避雷线、避雷带和避雷网。建在地面上的避雷针称为独立避雷针。第一类防雷建筑物和有特殊要求的建筑物应采用独立避雷针、架空避雷线（网），其他建筑物应尽量利用建筑物突出部位永久性的金属体，将其作为接闪器，或在建筑物顶部加装避雷针、避雷带、避雷网。

避雷针一般为钢结构，由圆钢、钢管、钢板焊接或螺丝连接而成。主要技术要求是：有足够的载流能力，一般能承受 200kA 以上的雷电流；有足够抗风雪的能力，一般能承受 35 ~ 40m/s 的风力。要满足电气连接的要求。对避雷针的外形无特殊要求，但要求便于维护，一般顶端为针形，向下逐步扩大。避雷针除了引导雷电流外，还应具有装饰美化的作用。

非独立避雷针一般安装在建筑物的顶部，其技术要求与独立避雷针一样。

避雷线也称架空地线。多数用于输电线防雷保护。只有不宜采用避雷针的建筑物才采用避雷线。保护范围比避雷针大。

避雷带通常安装在建筑物的顶部四周，包括屋脊、屋檐、屋角。大的避雷带要有多处引下线。避雷带适用于高层建筑物。避雷带由圆钢、扁钢焊接而成。

避雷网通常由建筑物中的钢筋混凝土的钢筋网构成，建筑物内的钢筋焊接要连成一体，不能有断点，这种网称为暗网。当钢筋混凝土表层水泥厚度较大时，应增加明网。装有避雷网的建筑物如同处于等电位的金属笼，不会出现电压差的袭击。避雷网应与避雷带联合使用，既可以防直击雷，也可以防感应雷。这种防雷装置既省钱又美观，但施工时要严格把关。

引下线是接闪器与接地体的连接线。要求能承载雷电流，有明线和暗线之分。暗线为建筑物柱钢筋为引下线，明线由截面 100mm² 以上的圆钢或扁钢构成。避雷带和避雷网至少有两根引下线，引下线之间的距离不能大于 18m，当大于 18m 时，应加第三根引下线。

避雷针的保护范围是根据雷电理论、模拟实验和雷击事故统计三种研究结果确定的。下面介绍的避雷针保护范围计算方法是国际电工委员会（IEC）推荐的滚球法，也是我国建筑物防雷设计规范采用的一种方法。

滚球法就是将一个半径为 9m 的球体从避雷针针尖沿着避雷针向下滚动至球体与地面接触，然后球体绕着避雷针转动一圈，将球体与避雷针的触点至球体与地面的触点之间的球面绕地面一周与地面所构成的空间，定为避雷针的保护范围。避雷针保护范围与滚球的半径和避雷针高度有关。滚球半径越大，保护范围越大。我国建筑行业规定第一类防雷建筑物滚球半径为 30m，第二类防雷建筑物滚球半径为 45m，第三类防雷建筑物滚球半径为 60m。根据滚球半径进行防雷保护范围计算。

避雷线保护范围的确定可以套用避雷针的分析方法。避雷线由于自身的重量会产生弧垂，两端支持点离地面最高，中间部分离地面最低。避雷线可以看作是由一系列不等高的避雷针组成，避雷线上的每一点相当于避雷针的针尖，然后按照单支避雷针的分析方法确定一系列不等高的假想避雷针的保护范围。

避雷带、避雷网的保护范围的确定也可以引用上述方法。

（二）建筑物内的防雷措施

建筑物内主要是防感应雷、雷电波入侵、雷电波高电位反击。直击雷放电的电磁脉冲会在周围的电力线路、用电设备、通信线路、电视广播线路、互联网络线路、电子设备上产生感应过电压，危及人身安全和损坏电力、电子设备。虽然感应雷的电压电流没有直击雷那么大，但它分布范围广，侵入途径多，被侵袭的对象是电子元件，电子元件耐冲击电压比较低，但响应速度快，因此对防感应雷的保护设备要求比较苛刻，一般的避雷器不能适应，要求采用限压低，反应速度快的防雷装置。目前建筑物内的防雷措施有以下三种。

1.建筑物内的电源线路和信号线路装设电涌保护器（SPD）

电涌保护器是一种限压泄流装置，与线路并联，当电压高于被保护设备的限压时，电涌保护器对地导通，泄漏电流，使设备免受过电压损害。电涌保护器是一种最有效、最经济、最广泛使用的防雷保护措施。电涌保护器按用途可分为电源线路电涌保护器和信号线路保护器。

电源线路保护器按工作原理可分为电压开关型电涌保护器、电压限制型电涌保护器和复合型电涌保护器。

开关型电涌保护器主要由放电间隙、充气放电管、硅可控整流器等构成。正常运行时，与电源线路并联的间隙完全处于开路状态，不影响电源线路的运行，电涌到来且其幅值达到间隙击穿电压时，间隙迅速击穿，转化为短路状态，雷电流快速流入大地。这种装置的优点是通流容量大，可达 65 ~ 100kA；缺点是伏—秒特性分散性大，不便于与保护对象配合。

限压型电涌保护器通常由压敏电阻器和抑制二极管组成，最常用的是压敏电阻片（简称 MOV）。这种电阻片具有非线性特性，在正常工作电压下呈现很高的电阻和非常小的电流，当过电压到来时呈现很小的电阻，将大电流迅速泄入大地。它具有较好的伏—秒特性，容易与保护对象配合。但长期在工作电压作用下有一定的泄漏电流，容易发热、老化，严重时会击穿崩溃。电涌保护器在雷电流作用下的最大限制电压应低于被保护设备的绝缘冲击耐受电压。

复合型电涌保护器在结构和原理上是上述两种电涌保护器的综合，具有上述两种电涌保护器的优点，但结构更复杂，只有对防雷要求非常高的地方才采用。

电源电涌保护器的主要技术参数有：①额定放电电流、放电时允许通过电流，有 0.05kA ~ 40kA 不等电流可选择；②额定电压，长期允许运行电压，有52V ~ 1500V 不等电压可选择；③持续运行电流，长期允许泄漏电流，这个电流值越小说明电涌保护器质量越好；④限制电压，也称残压，放电时电涌保护器两端的最大电压，这个电压值越低说明保护水平越高；⑤最大放电电流，也称冲击通流容量，表示 SPD 不发生实质性破坏所能承受的最大放电电流，是反映 SPD质量的一个重要标记。

信号线路电涌保护器用于弱电线路及其设备的防雷保护。弱电线路工作电压低，响应速度快，易受外界干扰，因此要求电涌保护器具有足够大的放电通流容量，足够低的限制电压，足够快的响应速度，不能影响弱电线路的正常工作。信号线路电涌保护器工作原理与电源线路电涌保护器是一样的，但不能采用压敏电阻片，因为压敏电阻片的电容大，干扰信号线路的信号。信号电涌保护器大多采用气体放电管、箝位二极管、晶闸管作为主要元件，具有复合型电涌保护器特性。信号有两种基本类型：连续时间信号和离散时间信号。随着信号的不同，其载体也不同，从而信号 SPD 也不同。可以分为电话 SPD（用于固定电话和互联网），同轴 SPD（用于计算机网络、移动通信基站、卫星接收等），双绞线 SPD（用于计算机网络信息传输），有线电视 SPD（用于有线电视网络）。信号线路 SPD 除了上述参数外，还有一些特定参数：①响应时间，从过电压开始到电流泄入大地结束所需的时间；②插入损耗，SPD 接入前负荷吸收的功率与接入后负荷吸收功率之比；③数据传输率；④反射损耗，根据不同场合选用不同特定参数的信号线路 SPD。

2.电磁屏蔽措施

对于一些重要的电子线路及设备，或者采用 SPD 不能满足要求的线路及设备就应采用电磁屏蔽措施，将线路装在金属管内，将电子设备装在金属壳内，并将金属管、金属壳可靠接地。这样，雷电电磁脉冲就不可能使线路及其设备产生感应过电压，只会在金属保护体上产生感应电流泄入大地，也可以采用电磁脉冲隔离装置和高频滤波装置避开电磁干扰。

3.接地和等电位连接措施

所有防雷装置都必须接地，才能保证雷电流泄入大地。如果没有接地装置，一切防雷措施都是没有效果的。等电位连接时将正常不带电的，未接地或未良好接地的金属外壳、电缆的金属外壳、建筑物的金属构架、管道桥架和管道与接地系统做电气连接，防止在这些物件上由于雷电感应造成对设备内部绝缘的损坏，同时可以避免雷击电流入地所产生的高电压反击。

变电所的防雷：变电所的户外配电装置应装设防直击雷的保护装置，即避雷针或避雷线。户内配电装置是否装设防直击雷的保护装置视具体情况而定，如果是雷电活动强烈地区，或周围没有高层建筑物的变电所，也应装设防直击雷的保护装置，这种防雷装置也可在屋顶装设避雷网。避雷针的接地电阻应小于10Ω，或与其他接地网连接在一起。避雷针上如果架设了低压线路或信号线路，应对其采取保护措施，例如穿入金属管中。除了防直击雷，还应防雷电侵入波，雷电侵入波是通过输电电路进入变电所的。为此，变电所的进线在变电所 2km之内应架设避雷线，并在线路断路器的外侧装设管型避雷器或阀型避雷器，进线的母线还要装设阀型避雷器。

三、接地和等电位连接

埋在地下与土壤或混凝土或水体相接触的金属体称为接地体或接地极。电力系统的某些部分或金属构件、防雷保护装置等经引线与接地体相连称为接地。接地按用途可分为工作接地、防雷接地和保护接地三大类。电力系统中性点，直流输电系统某一极因运行需要而接地，将信号电路中某一点作为基准电位而接地，称为工作接地。接闪器、电涌保护器、金属构件因防雷需要接地称为防雷接地。防止正常工作不带电的金属体因漏电而影响人身安全将金属体接地，或防止电气设备、电子设备受损而采用的接地，称为保护接地。专门为接地而装设的接地体称为人工接地体。因建设需要装设的与地下土壤接触的金属管、钢筋、金属构件也可兼作接地体，称为自然接地体。连接接地体及设备接地部分的导线称为接地线。接地线和接地体合称为接地装置。由若干个接地体在大地中相互连接而组成的总体称为接地网。接地网中的连接线称为接地干线，由接地网延伸出去的连接线称为接地支线。为某一需求而设置的接地网称为独立接地网。多个接地网连成一体称为共用接地网或统一接地网。

对接地装置有三个要求：一是接地电阻要满足规程要求，一般工作接地和保护接地要求接地电阻不大于 4Ω，防雷接地电阻不大于 10Ω。二是要有足够的载流能力。电力系统中性点接地装置由于三相不平衡，正常运行接地线有电流通过，故障时短时间内有很大电流通过，因此需要计算所承受的电流大小。防雷接地装置短时间内要承受很大的冲击电流，特别是独立避雷针要计算接地线的截面积。三是要求接地装置十分牢靠，防止腐蚀和断裂，要考虑接地装置的使用年限，一般与建筑物的使用年限相同。

由于大地存在可导电物质，接地电流流入大地后自接地体向四周流散，这个电流称为流散电流，它所遇到的电阻称为流散电阻。接地电阻是接地体的流散电阻、接地体电阻和接地线电阻的总和。由于接地体电阻和接地线电阻比较小，可略去不计，一般认为接地电阻就是接地体流散电阻。

接地电阻分为稳态接地电阻和冲击接地电阻。稳态接地电阻指直流或低频电流流入大地产生的电阻。冲击接地电阻指冲击电流，也就是雷电流流入大地产生的电阻。当电流流入大地就会在大地建立电场，接地体附近的电场最强，电位最高，电流密度最大，离接地体越远的地方电场越弱，电位越低，电流密度越小。在工程上一般认为 20m 之外的地方电位接近于零。由于电流的性质不同，在土壤中建立的电场也不一样，冲击电流作用下，电场强度很高，土壤局部放电，使土壤导电率增大或说导电面积增加，从而接地电阻下降，所以一般情况下冲击电阻比稳态电阻小。当接地体的长度足够大时，其电感磁场会影响电场分布从而使冲击电阻增加。雷电流是时间函数，接地体的冲击电阻也是时间函数。根据电工理论，可以计算出各种接地体的接地电阻，但由于土壤情况复杂，理论计算值与实际值会有一定差距。目前有许多经验计算公式，设计时根据具体情况可参考使用。接地电阻与土壤电阻率、含水量、温度、含化学成分、紧密度等因素有关。要降低接地电阻应选择电阻率低的土壤，增加土壤紧密度，土壤含水量约50%，防止土壤冻结。

接地网一般用若干根长2.5m左右的钢管或圆钢或角钢垂直打入地下0.6～1m深，再用扁钢或圆钢焊接成一体。每两根接地体之间的距离要大于4m，如果太近它们之间的电场就会产生屏蔽作用，使并联电阻增大，降低并联效果。接地体应在建筑物周围形成一个闭合环，成为一个环形接地网。为了防腐蚀，接地体要镀锌或涂防腐漆。接地网至少要有两个引线接头和测量接地电阻的测点。

电气设备及其电路常受电磁干扰。电磁干扰分为导电性干扰和辐射性干扰。导电性干扰是通过导线将干扰能量从一个电路传送到另一个电路。最常见的是共阻抗耦合，指两个电路电流流经同一个公共阻抗，一个电路的电流在这个阻抗上产生的电压会影响另一个电路。这种干扰常见于直流与低频电流。辐射性干扰是一个电路高频电流产生的电磁场能量通过空气传送到另一个电路上。这种干扰常见于高频电流。

一座建筑物需要建立多个接地网，这些接地网是各自独立好还是连成一个共用接地网好呢，独立接地网和共用接地网各有优缺点。独立接地网不易受导电性的电磁干扰，而共用接地网使总的接地电阻降低，从而降低了反击电压，不易受辐射性干扰，有利于保护电气设备，一般来说采用共用接地网更好一些。易爆易燃场合的避雷设备应采用独立接地网。

被保护的电气设备有很多，就会出现一个问题，那就是是每个设备各引一根接地线连接到接地平台（接地引线）上，还是附近几台设备接地线连在一起再连接到接地平台？前者称为多点接地，后者称为一点接地。一点接地有利于消除导电性干扰，而多点接地有利于消除辐射性干扰。这就应该根据具体场合选用接地方式。一般来说电源线路及其连接设备保护应采用一点接地方式，信号线路及其设备保护应采用多点接地方式。特殊情况下可以采用混合方式。

大地是人们公认的零电位参考点，埋在大地里的接地体就是零电位点，理论上说连接接地体的所有金属体处于同一电位，这种连接称为等电位连接。等电位连接是把建筑物内的所有金属体，如钢筋、自来水管、消防管道、空调管道、电梯、金属广告牌、电缆金属屏蔽层、电力系统中性线等用电气连接方法连成一体，并连接到接地体，使整个建筑物成为等电位体。为了实现等电位连接，建筑物内应设置多个等电位端子箱。先把所有非带电的金属体连接到附近的等电位端子箱，再由等电位端子连接到接地体。等电位连接相当于将整座建筑物变成一个同一电位的笼子，是防雷、防电磁感应、降低跨步电压最有效的措施。等电位是理论上之说，由于接地线存在电阻，各节点存有电位差，存在一定风险，但与不等电位连接相比风险要小一些。

第四节　建筑消防系统

一、建筑消防系统概述

　　火灾是人类重大灾害之一，造成的伤亡和财产损失是巨大的。火灾是可以预防的，也是可以扑灭的，还是可以把损失降低到最小的程度。所谓消防就是预防和消灭火灾。在设计建筑物时，就应做好消防工作，预防火灾发生，把火灾限制在最小的范围内。在建筑物内配置一套完整的消防系统是建筑设计一项重要的任务。建筑物内的火灾大多与电气设备选择、安装施工、运行使用有关，因此将消防系统设计纳入电气设计。消防是一个系统工程，要多个专业配合，包括建筑结构、材料、给排水、暖通等。

　　要做好火灾预防工作，先要分析发生火灾的原因，以有的放矢。火灾主要由三个因素决定：一是火源；二是可燃物；三是氧气。火灾的形成和发展还与周围环境的温度、湿度、气流等因素有关。火源是根本，消防工作的重点就是控制火源。火灾的原因有很多，如小孩玩火、放鞭炮；大人抽烟、烧纸钱等。这里主要分析与电气有关的原因，电气火灾是用电设备及其回路过热和电气设备操作使用不当引起的。产生电气设备及其回路过热的原因是过电流或过电阻。产生过电流的原因，一是过电压，如雷击；二是短路；三是过负荷；四是谐波电流。所谓过电阻就是电器设备连接处接触不良，引起电阻增大。电阻增大会引起局部发热增大。电气设备操作使用不当有误操作，例如，用隔离开关切断负荷；电焊火花四溅；电暖、电烘干、电热水等设备未能及时切断电源。还有电气设备中的变压器、断路器，一些电压互感器和电流互感器常常采用绝缘油作为绝缘和冷却介质，发生漏油或维护过程操作不当也有可能引起火灾。电气火灾还有一个重要的原因就是散热不良，例如变压器、电动机、照明设备等常因散热不好而引起火灾。有些火灾的原因是明确的，可以采取预防措施，而有些火灾的原因是不明确的，随机可能发生，这就应采取灭火措施。目前，自动灭火还无法完全实现，一旦发生火灾，还是要请专职消防部门进行灭火。

消防工作一方面是预防，另一方面是设置一套消防设备，一旦发生火灾便能进行灭火。消防设备是根据灭火原理制成的：一是降温法，也称冷却法，将燃烧物的温度降至可燃点以下，火就可以熄灭；二是隔离法，将燃烧物与空气隔离，燃烧物缺乏氧气，火就会熄灭。消防系统包括火灾自动（或手动）探测报警装置、火灾自动灭火和手动灭火装置、消防电梯、消防水泵及管道消防栓、防排烟设施、防火卷帘门、疏散标志及通道、消防车通道、火灾应急照明，消防控制室、消防电源等。

火灾自动探测报警装置由火灾探测器、报警器、电源及其线路组成。火灾探测器又称探头，探头的种类繁多，通常有感烟式、感温式、光电式、感光式、可燃气体式和复合式等，它们都是把烟雾浓度、气体温度、光亮度、可燃气体含量等物理量转换为电信号。报警器将电信号转换为光、声音和数字，告知相关人员，还可以联动灭火装置，现在更多的是采用智能报警器，它能对多个探头采集到的信息进行综合分析比较，做出决策，避免误判和漏判。探头按灵敏度可分为三级，一级为绿色，用于禁烟场所；二级为黄色，用于一般场所；三级为红色，用于抽烟场所。探头的个数由探头保护面积决定，即保护面积除以单个探头保护面积，再考虑安全系数。

灭火装置分为湿式灭火和干式灭火装置。湿式灭火介质是液体，最常用的是水，它的工作原理就是降温法。以水为介质的湿式灭火装置包括消防水泵、高压水箱、低压水箱（池）、水管网、管道接合器、消防栓、喷水头、控制阀等。自动灭火装置是将喷水头安装在建筑物内的某些地方，当发生火灾时，由火灾探测器发出信号，送至消防控制室由控制装置分析判断，再由控制器发出信号，启动消防水泵，开启喷头的控制阀，进行灭火。手动灭火是由人工控制喷头进行灭火。干式灭火的介质有泡沫、干粉、卤代烷、二氧化碳等。它的工作原理是隔离法。泡沫灭火系统是由泡沫液罐、泡沫消防泵、比例混合器、泡沫混合液管道及储罐上设置的固定空气泡沫产生器等组成。它的自动与手动工作过程类似于湿式灭火装置。湿式灭火装置应用最广，是一种最基本的灭火方式，但不适用于图书库、档案室、精密仪器室、水泥仓库、油库、可燃气体、电气设备、化学制品等场所。这些场所可用干式灭火装置。

消防疏散指示和通道是发生火灾的逃跑路线，是人的生命线。防排烟通道，也是阻塞、引导烟雾的走向，避免造成窒息。消防车通道，是移动灭火装置的通道。防火卷帘门是把火灾限制在某一范围。这些都是消防必不可少的措施，建筑设计的一个重要内容。

消防控制室可以设在变配电值班室内，若实现楼宇自动化的建筑物，它是楼宇自动化调度室的一部分。消防控制装置应能对建筑物内的消防设施实行监控，能监视建筑物内的火情，能分析火情，并能做出决策，与上一级消防部门相连。

二、电气防火

（一）变配电所防火问题

建筑电气设计首先要考虑变配电所设计问题。

变配电所集中了大量的电气设备，有些设备装有易燃油，预防发生火灾是变配电所电气设计的一项重要内容。设计时防止火灾发生需注意以下几个方面：

①变配电所选址。有条件的地方变配电所应与建筑物分离，独立建造。无法独立建造时，应选在建筑物的一、二层，尽量不要建在地下室或高层。变压器室的耐火等级为一级，高压配电室的耐火等级不低于二级，低压配电室的耐火等级不低于三级。

②变压器、断路器、电压互感器、电流互感器尽量选用无油的。

③采用油浸变压器时，应设置贮油坑和事故油池，事故油池的油能排至安全处。油浸变压器与其他设备之间需设置防火墙。35kV以上的断路器、电压互感器、电流互感器等之间应用耐火或防爆隔墙（板）隔开。

④变配电室应设置消防设施。一类建筑物的变配电室应设置火灾自动报警装置和固定式灭火装置；二类建筑物的变配电室应设置火灾自动报警装置和手提式或推车式灭火装置。

⑤变配电室应设防火门，并向外开启。还应设置通风装置，通风能力与变配电室大小相一致，并应防止小动物入侵。

（二）电气设计时应采取的措施

电气防火的措施有很多，下面侧重讨论电气设计时应采取的措施。

1.制定电气防火安全规程

设计、安装施工、运行管理部门和使用者应严格遵守执行安全规定，这是防火的最基本措施。

2.电气设计时，应尽量准确地预测用电负荷

如果预测负荷偏小，可能使选择的导线截面积偏小，当实际负荷大于预测负荷时，可能使导线过热，引发火灾。

3.选择合格、优质的电气产品和材料

选择电气产品除了满足功能要求外，还要满足安全的要求，也就是满足绝缘要求，绝缘的使用寿命应大于电气设备。应尽量选用铜导线，避免使用铝导线。选用电缆时，应选用阻燃电缆和耐火电缆。电气火灾大多是绝缘老化引起的，选用电气设备应高度重视绝缘问题。

4. 合理布置电气设备、电缆和导线

电气设备、电缆和导线的排列除了满足安全距离要求外，还应考虑散热问题。特别是室内低压导线的火线和中线不宜放在同一套管内。

5. 完善继电保护体系

上一级的保护应能作为下一级的后备保护。设置电力保护装置是防止电气火灾的重要措施之一，低压系统应设置过电流保护、过负荷保护和泄漏电流保护。过电流保护是应对短路引起火灾最有效的措施；过负荷保护是应对过负荷引起火灾最有效的措施，泄漏电流保护是保护人身安全最有效的措施。

6. 设置电气火灾报警装置

它能及时发现电气火灾的隐患，并作出预告。现在采用用电气火灾报警装置是剩余电流电气火灾监控系统。它的基本原理是借检测剩余电流来发现配电系统的异常泄漏电流，从而发现可能存在的电气火灾隐患。这个系统只能防范电气设备和线路因绝缘损坏形成接地故障引起的电气火灾。

（三）剩余电流与泄漏电流的区别

剩余电流是在电路中特定点上的电流代数值总和。例如，单相电路某一截面，有一导线的电流是流入，另一导线的电流是流出，在正常情况下，电流的总和等于零，也就是说，在该节点上的剩余电流等于零；如果流入电流与流出电流不相等，那么在该节点上的电流代数和不等于零，这个电流就是剩余电流。

泄漏电流是由于绝缘不良而在不应通电的路径中流过的电流。单相电路或三相电路导线之间的绝缘再好，也会有泄漏电流，称为自然泄漏电流，只是很小，在实际计算中都忽略不计，绝缘损坏产生的泄漏电流称为异常泄漏电流或故障泄漏电流，这种电流会对人产生危害，也会引起火灾。

剩余电流与泄漏电流是两个不同的概念。有泄漏电流，不一定有剩余电流，有剩余电流，不一定有泄漏电流。但是它们关系密切，利用测量剩余电流，可以发现异常泄漏电流。所以，剩余电流电气火灾监控系统与泄漏电流保护装置的基本原理是一样的。剩余电流电气火灾监控系统是由多个泄漏电流保护器组成，并能进行综合、分析、判断、决策的智能装置。它具有检测功能，也具有保护功能。但是剩余电流电气火灾监控系统在实际应用中还存在一些问题，例如，定值的设定，决策的算法等还缺乏理论根据。

三、建筑物防火

建筑物采取防火措施要增加投资，不同的建筑物应采取不同的防火措施，这样才不会造成浪费。

我国按重要性将建筑物分为五等。

①特等：具有重大纪念性、历史性、国际性和国家级的建筑。

②甲等：高级居住建筑和公共建筑。

③乙等：中级居住建筑和公共建筑。

④丙等：一般居住建筑和公共建筑。

⑤丁等：临时建筑。

防火性能分为四级，称为耐火等级。耐火等级标准是依据房屋主要构件的燃烧性能和耐火极限确定的。一级为最高级。越重要的建筑物的耐火等级越高，所用的建筑材料耐火性能越好，其投资费用越大。

建筑物可采取的预防措施有：采用阻燃或难燃材料；采用防火涂料；设置防火分区和防烟分区；封堵各分区之间的管道孔洞；划分建筑物的耐火等级；设置消防电梯和人员疏散通道；设置消防标示、应急照明系统和火灾广播系统。

阻燃材料：建筑行业大量使用塑料、橡胶、纤维等制成的材料，这些都是可燃、易燃物。一旦发生火灾，这些材料起着推波助澜的作用。为此，应在这些材料中加入阻燃剂，阻燃剂起着抑制燃烧的作用。现有阻燃聚苯乙烯塑料、阻燃聚乙烯塑料、阻燃橡胶等。设计时要求尽量选用加有阻燃剂的管材、板材等。

防火涂料：要求在建筑中使用防火涂料。防火涂料也称阻燃涂料。阻燃涂料除了具有装饰和保护作用外，还有两个特性：一是涂料本身具有不燃性或难燃性；二是阻止抑制燃烧的扩展。防火涂料被涂成膜后，在常温下是一层装饰保护层，在火焰和高温作用下，涂层发生膨胀碳化，形成比原来厚几十倍至几百倍的不燃碳层，切断外界火源对基材的加热起到阻燃作用。

防火分区划分：为了防止火灾的扩大，要求对建筑物进行分区，防火分区分为水平防火分区和垂直防火分区。水平防火分区是同一楼层的分区。垂直防火分区是上下楼层的分区。水平防火分区，各区之间应设置防火墙、防火门、防火卷帘、防火水幕帘。垂直防火分区要求采用 1.5h 或 1.0h 耐火极限的楼板和窗间墙将上下层隔开。上下层的窗之间的距离不得小于 1.2m。当上下层设有开口通道时，应将这部分看作一个整体，设定为一个防火分区，并用防火卷帘门或防火门与其他防火分区隔开。例如楼梯通道，可以作为一个防火分区，每层楼梯与走廊连接的部位应用防火门隔开。电梯通道也可以作为一个防火分区。防火卷帘门应可以自动、远动或就地控制。

防烟分区：防烟分区是防火分区的细化，一个防火分区可以再分为几个防烟分区，主要作用是防止烟气的流动和扩散。防烟分区之间可以用防火门、隔墙、挡烟垂壁等隔开。有些地方还可以设置垂直排烟管道。这需要与暖通、空调系统一起考虑。

建筑物耐火等级：划分建筑物耐火等级是建筑设计防火措施中最基本的措施。它要求建筑物在火灾高温持续作用下，墙、柱、梁、楼板、屋盖和吊顶等基本建筑构件能在一定的时间内不被破坏，能起阻止和延缓火灾蔓延的作用，防止建筑物完全或局部倒塌，并为人员疏散、抢救物资和扑灭火灾以及火灾后建筑物修复创造条件。

设置人员疏散通道：建筑物内有多个楼梯，每个楼梯之间应有通道，当发生火灾，一个楼梯受阻时，可以通过另一个楼梯逃生。不一定在每层楼梯之间设置通道，可两三层设一个通道。疏散通道应有明显的标示。

设置防火电梯：防火电梯一方面是人员疏散通道之一；另一方面是消防人员进行灭火的通道。高层建筑一定要设置专用的消防电梯。

建筑物内一定要配备扑灭火灾的设施：这些设施有消防储水池或储水罐、消防水泵、消防输水管道、消防栓、消防软管、消防喷头、消防控制阀等。重要建筑物还应配备自动灭火装置。消防水泵至少要有 2 台，其中 1 台工作，1 台备用。如果有 3 台，其中 2 台工作，1 台备用。

设置消防专用电源：专供消防设备之用。为消防水泵、防火卷帘门、防火排烟设备、消防电梯、防火报警装置和监控装置、自动灭火装置和应急照明等提供电力。

设置应急照明电源：可以是交流电，也可以是直流电，供火灾时楼梯、走道照明用。

设置广播系统：及时通告火灾情况和疏散路径。

建筑物周围应设专用消防车通道，为移动灭火装置提供必需的通道。

设置防火监控中心：值班人员通过消防监控装置能了解建筑物内消防设备的工作状态，并对消防设备进行控制。能及时发播建筑物内的消防信息，并能及时向上一级消防单位报告。

第三章

PLC 控制技术

第一节　PLC 控制技术概述

可编程控制器（Programmable Logic Controller，PLC），是一种数字运算操作的电子系统，是在 20 世纪 60 年代末由美国科学家首先研制成功的。可编程控制器是一种数字运算操作的电子系统，专为在工业环境应用而设计的。它采用可编程序的存储器，其内部存储执行逻辑运算、顺序控制、定时、计数和算术运算等操作指令，并通过数字的、模拟的输入和输出，控制各种类型的机械或生产过程。可编程控制器及有关设备，都是按易于与工业控制系统成为一体、易于扩充其功能的原则设计的。

PLC 诞生至今只有几十年的历史，却得到了迅速发展和广泛应用，成为当代工业自动化的主要支柱之一。

一、可编程控制器的组成部分、分类及特点

（一）可编程控制器的组成部分

PLC 由硬件系统和软件系统两部分组成。

硬件系统可分为中央处理器和储存器两部分，软件系统则为 PLC 软件程序和 PLC 编程语言两部分。

1. 软件系统

（1）PLC 软件

PLC 的软件系统由 PLC 软件和编程语言组成，PLC 软件运行主要依靠系统程序和编程语言。一般情况下，控制器的系统程序在出厂前就被锁定在 ROM 系统程序的储存设备中。

（2）PLC 编程语言

PLC 编程语言主要用于辅助 PLC 软件的运作和使用，它是用编程元件继电器代替实际原件继电器进行运作，将编程逻辑转化为软件形式，从而帮助 PLC 软件运作。

2. 硬件结构

（1）中央处理器

中央处理器在 PLC 中的作用相当于人体的大脑，用于控制系统运行的逻辑，执行运算和控制。它由两部分组成，分别是运算系统和控制系统，运算系统执行数据运算和分析，控制系统则根据运算结果和编程逻辑对生产线进行控制、优化和监督。

（2）储存器

储存器主要执行数据储存、程序变动储存、逻辑变量以及工作信息储存等任务，储存系统也用于储存系统软件，这一储存器叫作程序储存器。PLC 中的储存硬件在出厂前就已经设定好了系统程序，而且整个控制器的系统软件也已经被储存在了储存器中。

（3）输入输出

输入输出执行数据的输入和输出，它是系统与现场的 I/O 装置或其他设备进行连接的重要硬件装置，是实现信息输入和指令输出的重要环节。PLC 先将工业生产和流水线运作的各类数据传送到主机当中，而后由主机中的程序执行运算和操作，再将运算结果传送到输入模块，最后由输入模块将中央处理器发出的执行命令转化为控制工业生产的强电信号，控制电磁阀、电机以及接触器执行输出指令。

（二）可编程控制器的分类

PLC 产品种类繁多，其规格和性能也各不相同，通常根据其结构形式的不同、功能的差异和 I/O 点数的多少等进行大致分类。

1. 按结构形式分类

根据 PLC 的结构形式，可将 PLC 分为整体式 PLC 和模块式 PLC 两类。

（1）整体式 PLC

其是将 CPU、存储器、I/O 部件等组成部分集于一体，安装在印刷电路板上，并同电源一起装在一个机壳内，形成一个整体，通常称为主机或基本单元。整体式 PLC 具有结构紧凑、体积小、重量轻、价格低的优点。小型或超小型 PLC 多采用这种结构。整体式 PLC 由不同 I/O 点数的基本单元（又称主机）和扩展单元组成。基本单元内有 CPU、I/O 接口、与 I/O 扩展单元相连的扩展口，以及与编程器或 EPROM 写入器相连的接口等。扩展单元内除了 I/O 和电源等外，没有其他的外设。基本单元和扩展单元之间一般用扁平电缆连接。整体式 PLC 还可配备特殊功能单元，如模拟量单元、位置控制单元等，使其功能得以扩展。

（2）模块式 PLC

其是把各个组成部分做成独立的模块，如 CPU 模块、输入模块、输出模块、电源模块等。各模块做成插件式，并组装在一个具有标准尺寸并带有若干插槽的机架内。模块式 PLC 由框架或基板和各种模块组成。模块装在框架或基板的插座上。这种模块式 PLC 的特点是配置灵活，装配和维修方便，易于扩展。大、中型 PLC 一般采用模块式结构。

还有一些 PLC 将整体式和模块式结合起来，构成所谓的叠装式 PLC。叠装式 PLC 的 CPU、电源、I/O 接口等也是各自独立的模块，但它们之间是靠电缆连接，并且各模块可以一层层地叠装。这样，不但可以灵活配置系统，还可做得体积小巧。

2. 按功能分类

根据 PLC 所具有的功能，可将 PLC 分为低档 PLC、中档 PLC、高档 PLC 三类。

（1）低档 PLC

低档 PLC 具有逻辑运算、定时、计数、移位以及自诊断、监控等基本功能，还具有实现少量模拟量输入 / 输出、算术运算、数据传送和比较、通信的功能。主要用在逻辑控制、顺序控制或少量模拟量控制的单机控制系统中。

（2）中档 PLC

中档 PLC 不仅具有低档 PLC 的功能，还具有模拟量输入 / 输出、算术运算、数据传送和比较、数制转换、远程 I/O、子程序、通信联网等强大的功能。有些还可增设中断控制、PID 控制等功能，适用于比较复杂的控制系统中。

（3）高档 PLC

高档 PLC 不仅具有中档 PLC 的功能，还增加了带符号算术运算、矩阵运算、位逻辑运算、平方根运算及其他特殊功能函数的运算、制表及表格传送等功能。高档 PLC 具有更强的通信联网功能，可用于大规模过程控制或构成分布式网络控制系统中，实现工厂自动化控制。

3. 按 I/O 点数分类

PLC 用于对外部设备的控制，外部信号的输入、PLC 的运算结果的输出都要通过 PLC 输入输出端子来接线，输入、输出端子的数目之和被称作 PLC 的输入、输出点数，简称 I/O 点数。根据 PLC 的 I/O 点数的多少，可将 PLC 分为小型 PLC、中型 PLC 和大型 PLC 三类。

（1）小型 PLC

I/O 点数 < 256 点；单 CPU、8 位或 16 位处理器、用户存储器容量在 4K 字以下。如 GE-1 型（美国通用电气公司），TI100（美国得州仪器公司），F、F1、F2（日本三菱电气公司）等。

（2）中型 PLC

I/O 点数为 256 ~ 2048 点；双 CPU，用户存储器容量为 2 ~ 8K。如 S7-300（德国西门子公司），SR-400（中外合资无锡华光电子工业有限公司），SU-5、SU-6（德国西门子公司）等。

（3）大型 PLC

I/O 点数 > 2048 点；多 CPU，16 位、32 位处理器，用户存储器容量为

8 ~ 16K。如 S7-400（德国西门子公司）、GE-IV（GE 公司）、C-2000（立石公司）、K3（三菱公司）等。

（三）可编程控制器的特点

1. 通用性强，使用方便

由于 PLC 产品的系列化和模块化，PLC 配有品种齐全的硬件装置供用户选用。当控制对象的硬件配置确定以后，就可通过修改用户程序，方便快速地适应工艺条件的变化。

2. 功能性强，适应面广

现代 PLC 不仅具有逻辑运算、计时、计数、顺序控制等功能，还具有 A/D 和 D/A 转换、数值运算、数据处理等功能。因此，它既可对开关量进行控制，也可对模拟量进行控制，既可控制 1 台生产机械、1 条生产线，也可控制 1 个生产过程。PLC 还具有通信联络功能，可与上位计算机构成分布式控制系统，实现遥控功能。

3. 可靠性高，抗干扰能力强

绝大多数用户将可靠性作为选择控制装置的首要条件。PLC 是专为在工业环境下应用而设计的，故采取了一系列硬件和软件抗干扰措施。硬件方面，隔离是抗干扰的主要措施之一。PLC 的输入、输出电路一般用光电耦合器来传递信号，使外部电路与 CPU 之间实现无电路联系，有效地抑制了外部干扰源对 PLC 的影响，同时，还可以防止外部高电压窜入 CPU 模块。滤波是抗干扰的另一主要措施，在 PLC 的电源电路和 I/O 模块中，设置了多种滤波电路，对高频干扰信号有良好的抑制作用。软件方面，设置故障检测与诊断程序。采用以上抗干扰措施后，PLC 平均无故障时间可达 4 万 ~ 5 万 h。

4. 编程方法简单，容易掌握

PLC 配备了易于接受和掌握的梯形图语言。该语言编程元件的符号和表达方式与继电器控制电路原理相当接近。

5.控制系统的设计、安装、调试和维修方便

PLC用软件功能取代了继电器控制系统中大量的中间继电器、时间继电器、计数器等部件，控制柜的设计、安装接线工作量大为减少。PLC的用户程序大都可以在实验室内模拟调试，调试好后再将PLC控制系统安装到生产现场，进行联机统调。在维修方面，PLC的故障率很低，且有完善的诊断和实现功能，一旦PLC外部的输入装置和执行机构发生故障，就可根据PLC上发光二极管或编程器上提供的信息，迅速查明原因。若是PLC本身的问题，则可更换模块，迅速排除故障，维修极为方便。

6.体积小、质量小、功耗低

由于PLC是将微电子技术应用于工业控制设备的新型产品，其结构紧凑、坚固、体积小、质量小、功耗低，而且具有很好的抗震性和适应环境温度、湿度变化的能力。因此，PLC很容易装入机械设备内部，是实现机电一体化较理想的控制设备。

二、可编程控制器工作原理

PLC通电后，需要对硬件及其使用资源做一些初始化的设置，为了使可PLC的输出即时地响应各种输入信号，初始化后系统反复不停地分阶段处理各种任务，这种周而复始的工作方式称为扫描工作方式。根据PLC的运行方式和主要构成特点，PLC实际上是一种计算机软件，且是用于控制程序的计算机软件，它的主要优势在于比普通的计算机系统拥有更为强大的工程过程接口，这种程序更加适合于工业环境。PLC的运作方式属于反复运作，主要通过循序扫描以及循环工作来实现，在主机程序的控制下，PLC可以反复对目标进行扫描。

（一）系统初始化

PLC通电后，要对CPU及各种资源进行初始化处理，包括清除I/O映像区、变量存储区、复位所有定时器，检查I/O模块的连接等。

（二）读取输入

在 PLC 的存储器中，设置了一片区域来存放输入信号和输出信号，分别为输入映像寄存器和输出映像寄存器。在读取输入阶段，PLC 把所有外部数字量输入电路的 ON/OFF（1/0）状态读入输入映像寄存器。外接的输入电路闭合时，对应的输入映像寄存器为 1 状态，梯形图中对应输入点的常开触点接通，常闭触点断开。外接的输入电路断开时，对应的输入映像寄存器为 0 状态，梯形图中对应输入点的常开触点断开，常闭触点接通。

（三）执行用户程序

PLC 的用户程序由若干条指令组成，指令在存储器中按顺序排列。在用户程序执行阶段，在没有跳转指令时，CPU 从第一条指令开始，逐条执行用户程序，直至遇到结束（END）指令。遇到结束指令时，CPU 会检查系统的智能模块是否需要服务。

在执行指令时，从 I/O 映像寄存器或别的位元件的映像寄存器读出其 0/1 状态，并根据指令的要求执行相应的逻辑运算，运算的结果写入相应的映像寄存器中。因此，各映像寄存器（只读的输入映像寄存器除外）的内容随着程序的执行而变化。

在程序执行阶段，即使外部输入信号的状态发生了变化，输入映像寄存器的状态也不会随之改变，输入信号变化了的状态只能在下一个扫描周期的读取输入阶段被读入。执行程序时，对输入／输出的存取通常是通过映像寄存器，而不是实际的 I/O 点，这样做有以下好处：程序执行阶段的输入值是固定的，程序执行完后再用输出映像寄存器的值更新输出点，使系统的运行稳定；用户程序读写 I/O 映像寄存器比读写 I/O 点快得多，这样可以提高程序的执行速度；I/O 点必须按位来存取，而映像寄存器可按位、按字节来存取，灵活性好。

（四）通信处理

在智能模块及通信处理阶段，CPU 模块检查智能模块是否需要服务，如果需要，读取智能模块的信息并存放在缓冲区中，供下一扫描周期使用。在通信处理阶段，CPU 处理通信口接收到的信息，在适当的时候将信息传送给通信请求方。

（五）CPU 自诊断测试

自诊断测试包括定期检查 EPROM、用户程序存储器、I/O 模块状态以及 I/O 扩展总线的一致性，将监控定时器复位，以及完成一些别的内部工作。

（六）修改输出

CPU 执行完用户程序后，将输出映像寄存器的 0/1 状态传送到输出模块并锁存起来。梯形图中某一输出位的线圈"通电"时，对应的输出映像寄存器为 1 状态。信号经输出模块隔离和功率放大后，继电器型输出模块中对应的硬件继电器的线圈通电，其常开触点闭合，使外部负载通电工作。若梯形图中输出点的线圈"断电"，对应的输出映像寄存器中存放的二进制数为 0，将它送到物理输出模块，对应的硬件继电器的线圈断电，其常开触点断开，外部负载断电，停止工作。

（七）中断程序处理

如果 PLC 提供中断服务，而用户在程序中使用了中断，中断事件发生时立即执行中断程序，中断程序可能在扫描周期的任意时刻被执行。

（八）立即 I/O 处理

在程序执行过程中使用立即 I/O 指令可以直接存取 I/O 点。用立即 I/O 指令读输入点的值时，相应的输入映像寄存器的值未被更新。用立即 I/O 指令来改写输出点时，相应的输出映像寄存器的值被更新。

三、可编程控制器应用领域

在发达的工业国家,PLC 已经被广泛应用于钢铁、石油、化工、电力、建材、机械制造、汽车、轻纺、交通运输、环保及文化娱乐等行业。随着 PLC 性能价格比的不断提高，一些过去使用专用计算机的场合，也转向使用 PLC，PLC 的应用范围在不断扩大，可归纳为以下几个方面。

（一）开关量的逻辑控制

这是 PLC 最基本最广泛的应用领域。PLC 取代继电器控制系统，实现逻辑控制。例如：机床电气控制，冲床、铸造机械、运输带、包装机械的控制，注塑机的控制，化工系统中各种泵和电磁阀的控制，冶金企业的高炉上料系统、轧机、连铸机、飞剪的控制，电镀生产线、啤酒灌装生产线、汽车配装线、电视机和收音机的生产线控制等。

（二）运动控制

PLC 可用于对直线运动或圆周运动的控制。早期直接用开关量 I/O 模块连接位置传感器与执行机构，现在一般使用专用的运动控制模块。这类模块一般带有微处理器，用来控制运动物体的位置、速度和加速度，它可以控制直线运动或旋转运动、单轴或多轴运动。它们使运动控制与 PLC 的顺序控制功能有机结合在一起，广泛地应用在机床、装配机械等场合。

世界上各主要 PLC 厂家生产的 PLC 几乎都有运动控制功能，如日本三菱公司的 FX 系列 PLC 的 FX2N-1PG 是脉冲输出模块，可作 1 轴块从位置传感器得到当前的位置值，并与给定值相比较，比较的结果用来控制步进电动机的驱动装置。一台 FX2N 可接 8 块 FX2N-1PG。

（三）闭环过程控制

在工业生产中，一般用闭环控制方法来控制温度、压力、流量、速度这一类连续变化的模拟量，无论是使用模拟调节器的模拟控制系统还是使用计算机（包括 PLC）的控制系统，PID（Proportional Integral Differential，即比例—积分—微分调节）都因其良好的控制效果得到了广泛应用。PLC 通过模拟量 I/O 模块实现模拟量与数字量之间的 A/D、D/A 转换，并对模拟量进行闭环 PID 控制，可用 PID 子程序来实现，也可使用专用的 PID 模块。PLC 的模拟量控制功能已经广泛应用于塑料挤压成型机、加热炉、热处理炉、锅炉等设备，还可应用于轻工、化工、机械、冶金、电力和建材等行业。

利用 PLC 实现对模拟量的 PID 闭环控制，具有性价比高、用户使用方便、可靠性高、抗干扰能力强等特点。用 PLC 对模拟量进行数字 PID 控制时，可采用三种方法：一是使用 PID 过程控制模块；二是使用 PLC 内部的 PID 功能指令；三是用户自己编制 PID 控制程序。前两种方法要么价格昂贵，在大型控制系统中才使用；要么算法固定，不够灵活。因此，如果有的 PLC 没有 PI 功能指令，或者虽然可以使用 PID 指令，但是希望采用其他的 PID 控制算法，则可采用第三种方法，即自编 PID 控制程序。

PLC 在模拟量的数字 PID 控制中的控制特征是：由 PLC 自动采样，同时将采样的信号转换为适于运算的数字量，存放在指定的数据寄存器中，由数据处理指令调用、计算处理后，再由 PLC 自动送出。其 PID 控制规律可由梯形图程序来实现，因而有很强的灵活性和适应性，一些原本在模拟 PID 控制器中无法实现的问题在引入 PLC 的数字 PID 控制后得到了解决。

（四）数据处理

现代的 PLC 具有数学运算、数据传递、转换、排序和查表、位操作等功能，可以完成数据的采集、分析和处理。这些数据可以与储存在存储器中的参考值比较，也可以用通信功能传送到别的智能装置，或将其打印制表。数据处理一般用在大、中型控制系统，如柔性制造系统、过程控制系统等。

（五）机器人控制

机器人作为工业过程自动生产线中的重要设备，已成为未来工业生产自动化的三大支柱之一。现在许多机器人制造公司，选用 PLC 作为机器人控制器来控制各种机械动作。随着 PLC 体积进一步缩小，功能进一步增强，PLC 在机器人控制中的应用必将更加普遍。

（六）通信联网

PLC 的通信包括 PLC 之间的通信、PLC 与上位计算机和其他智能设备之间的通信。PLC 具有计算机接口，可用双绞线、同轴电缆或光缆将其联成网络，以实现信息的交换，并可构成"集中管理，分散控制"的分布式控制系统。目前 PLC 与 PLC 的通信网络是各厂家专用的。PLC 与计算机之间的通信，一些 PLC 生产厂家采用工业标准总线，并向标准通信协议靠拢。

四、可编程控制器发展趋势

（一）传统可编程控制器发展趋势

1. 技术发展迅速，产品更新换代快

随着微子技术、计算机技术和通信技术的不断发展，PLC 的结构和功能不断改进，生产厂家不断推出功能更强的 PLC 新产品，平均 3 ~ 5 年更新换代 1 次。PLC 的发展有两个重要趋势：

①向体积更小、速度更快、功能更强、价格更低的微型化发展，以适应复杂单机、数控机床和工业机器人等领域的控制要求，实现机电一体化。

②向大型化、复杂化、多功能、分散型、多层分布式工厂全自动网络化方向发展。例如，美国 GE 公司推出的 Gen-ettwo 工厂全自动化网络系统，不仅具有逻辑运算、计时、计数等功能，还具有数值运算、模拟量控制、监控、计算机接口、数据传递等功能，还能进行中断控制、智能控制、过程控制、远程控制等。该系统配置了 GE/BASIC 语言，向上能与上位计算机进行数据通信，向下不仅能直接控制 CNC 数控机床、机器人，还可通过下级 PLC 去控制执行机构。在操作台上如果配备该公司的 Factorymaster 数据采集和分析系统、Viewaster 彩色图像系统，则管理、控制整个工厂将十分方便。

2. 开发各种智能模块，增强过程控制功能

智能 I/O 模块是以微处理器为基础的功能部件。它们的 CPU 与 PLC 的主

CPU 并行工作，占用主机 CPU 的时间很少，有利于提高 PLC 的扫描速度。智能模块主要有模拟量 I/O、PID 回路控制、通信控制、机械运动控制等，高速计数、中断输入、BA–SIC 和 C 语言组件等。智能 I/O 的应用使过程控制功能增强。某些 PLC 的过程控制还具有自适应、参数自整定功能，使调试时间减少，控制精度提高。

3. 与个人计算机相结合

目前，个人计算机主要用作 PLC 的编程器、操作站或人 / 机接口终端，其发展是使 PLC 具备计算机的功能。大型 PLC 采用功能很强的微处理器和大容量存储器，将逻辑控制、模拟量控制、数学运算和通信功能紧密结合。这样，PLC 与个人计算机、工业控制计算机、集散控制系统在功能和应用方面相互渗透，使控制系统的性能价格比不断提高。

4. 通信联网功能不断增强

PLC 的通信联网功能使 PLC 与 PLC 之间，PLC 与计算机之间交换信息，形成一个统一的整体，实现分散集中控制。

5. 发展新的编程语言，增加容错功能

改善和发展新的编程语言、高性能的外部设备和图形监控技术构成的人 / 机对话技术，除梯形图、流程图、专用语言指令外，还增加了 BASIC 语言的编程功能和容错功能。如双机热备、自动切换 I/O、双机表决（当输入状态与 PLC 逻辑状态比较出错时，自动断开该输出）、I/O 三重表决（对 I/O 状态进行软硬件表决，取两台相同的）等，以满足极高可靠性要求。

6. 不断规范化、标准化

PLC 在硬件与编程工具不断升级的同时，日益向制造自动化协议（MAP）靠拢，基本部件（如输入输出模块、接线端子、通信协议、编程语言和编程工具等）的技术开始规范化、标准化，不同产品可互相兼容、易于组网，以真正方便用户，实现工厂生产的自动化。

（二）新型可编程控制器发展趋势

目前，人们正致力于寻求开放型的硬件或软件平台，新一代 PLC 主要有两种发展趋势。

1. 向大型网络化、综合化方向发展

实现信息管理和工业生产相结合的综合自动化是 PLC 技术发展的趋势。现代工业自动化已不再局限于某些生产过程，采用 32 位微处理器的多 CPU 并行工作和大容量存储器的超大型 PLC 可实现超万点的 I/O 控制，大中型 PLC 具有函数运算、浮点运算、数据处理、文字处理、队列、阵运算、PID 运算、超前补偿、滞后补偿、多段斜坡曲线生成、处方、配方、批处理、故障搜索、自诊断等功能。强化通信能力和网络化功能是大型 PLC 发展的一个重要方面。主要表现在：向下将多个 PLC 与远程 I/O 站点相连，向上与工控机或管理计算机相连，构成整个工厂的自动化控制系统。

2. 向速度快、功能强的小型化方向发展

当前，小型化 PLC 在工业控制领域有着不可替代的地位，随着应用范围的扩大，体积小、速度快、功能强、价格低的 PLC 被广泛应用到工控领域的各个层面。小型 PLC 将由整体化结构向模块化结构发展，系统配置的灵活性得以增强。小型化发展具体表现在：结构上的更新、物理尺寸的缩小、运算速度的提高、网络功能的加强、价格成本的降低。小型 PLC 的功能得到进一步强化，可直接安装在机器内部，适用于回路或设备的单机控制，不仅能够完成开关量的 I/O 控制，还可以实现高速计数、高速脉冲输出、PWM 波输出、中断控制、网络通信等功能，更利于机电一体化的形成。

现代 PLC 在模块功能、运算速度、结构规模以及网络通信等方面都有了跨越式发展，它与计算机、通信、网络、半导体集成、控制、显示等技术的发展密切相关。PLC 已经融入了 PC 和 DCS 的特点。在激烈的技术市场竞争中，因 PLC 受到其他控制新技术和新设备的冲击，PLC 必须不断融入新技术、新方法，结合自身的特点，推陈出新，使功能更加完善。PLC 技术的不断进步，加之在网络通

信技术方面新的突破，新一代 PLC 将能够更好地满足各种工业自动化控制的需要，其技术发展趋势有以下特点。

（1）网络化

PLC 相互之间以及 PLC 与计算机之间的通信是 PLC 的网络通信所包含的内容。人们正在不断制订与完善通用的通信标准，以加强 PLC 的联网通信能力。PLC 典型的网络拓扑结构为设备控制、过程控制和信息管理三个层次，工业自动化使用最多、应用范围最广的自动化控制网络便是 PLC 及其网络。

人们把现场总线引入设备控制层后，工业生产过程现场的检测仪表、变频器等现场设备可直接与 PLC 相连；过程控制层配置工具软件，人机界面功能更加友好、方便；具有工艺流程、动态画面、趋势图生成等显示功能和各类报表制作等多种功能，还可使 PLC 实现跨地区的监控、编程、诊断、管理，实现工厂的整体自动化控制；信息管理层使控制与信息管理融为一体。在制造业自动化通信协议规约的推动下，PLC 网络中的以太网通信将会越来越重要。

（2）模块多样化和智能化

各厂家拥有多样的系列化 PLC 产品，形成了应用灵活，使用简便、通用性和兼容性更强的用户系统配置。智能的输入 / 输出模块不依赖主机，通常也具有中央处理单元、存储器、输入 / 输出单元以及与外部设备的接口，内部总线将它们连接起来。智能输入 / 输出模块在自身系统程序的管理下，进行现场信号的检测、处理和控制，并通过外部设备接口与 PLC 主机的输入 / 输出扩展接口连接，从而实现与主机的通信。智能输入 / 输出模块既可处理快速变化的现场信号，还可使 PLC 主机执行更多的应用程序。

适应各种特殊功能需要的智能模块，如智能 PID 模块、高速计数模块、温度检测模块、位置检测模块、运动控制模块、远程 I/O 模块、通信和人机接口模块等，其 CPI 与 PLC 的 CPU 并行工作，占用主机的 CPU 时间很少，可以提高 PLC 的扫描速度和完成特殊的控制要求。智能模块的出现，扩展了 PLC 功能，扩大了 PLC 应用范围，使得系统的设计更加灵活、方便。

（3）高性能和高可靠性

如果 PLC 具有更大的存储容量、更高的运行速度和实时通信能力，必然可以提高处理能力、增强控制功能和扩大使用范围。高速度包括运算速度、交换数据、编程设备服务处理以及外部设备响应等方面的高速化，运行速度和存储容量是 PLC 非常重要的性能指标。

自诊断技术、冗余技术、容错技术在 PLC 中得到广泛应用，在 PLC 控制系统发生的故障中，外部故障发生率远远大于内部故障。PLC 内部故障通过 PLC 本身的软、硬件能够实现检测与处理，检测外部故障的专用智能模块将进一步提高控制系统的可靠性，具有容错和冗余性能的 PLC 技术将得以发展。

（4）编程朝着多样化、高级化方向发展

硬件结构的不断发展和功能的不断提高，PLC 编程语言，除了梯形图、指令表外，还出现了面向顺序控制的步进编程语言、面向过程控制的流程图语言以及与微机兼容的高级语言等。另外，功能更强、通用的组态软件将不断改善开发环境，提高开发效率。PLC 技术的发展趋势也将是多种编程语言的并存、互补与发展。

（5）集成化

所谓软件集成，就是将 PLC 的编程、操作界面、程序调试、故障诊断和处理、通信等集于一体。监控软件集成，将使系统实现直接从生产中获得大量实时数据，加以分析后传送到管理层；此外，它还能将过程优化数据和生产过程的参数迅速地反馈到控制层。现在，系统的软、硬件只需通过模块化、系列化组合，便可在集成化的控制平台上"私人定制"的客户需要的控制系统，包括 PLC 控制系统、伺服控制系统、DCS 系统以及 SCADA 系统等，系统维护更加方便；将来，PLC 技术将会集成更多的系统功能，逐渐降低用户的使用难度，缩短开发周期以及降低开发成本，以满足工业用户的需求。在一个集成自动化系统中，设备间能够最大限度地实现资源的利用与共享。

（6）开放性与兼容性

信息相互交流的即时性、流通性对工业控制系统的要求越来越高，系统整体性能越来越重要，人们更加注重 PLC 和周边设备的配合，用户对开放性要求强烈。系统不开放和不兼容会令用户难以充分利用自动化技术，给系统集成、系统升级和信息管理带来困难和附加成本。PLC 的品质既要看其内在技术是否先进，还要考察其符合国际标准化的程度和水平。标准化既可保证产品质量，也将保证各厂家产品之间的兼容性、开放性。编程软件统一、系统集成接口统一、网络和通信协议统一是 PLC 开放性的主要体现。目前，总线技术和以太网技术的协议是公开的，它为支持各种协议的 PLC 开放，提供了良好的条件。国际标准化组织提出的开放系统互联参考模型、通信协议的标准化使各制造厂商的产品可以相互通信，推动 PLC 在开放功能上有了较大发展。PLC 的开放性涉及通信协议、可靠性、技术保密性、厂家商业利益等众多问题，PLC 的完全开放还有很长的路要走。PLC 的开放性会使其更好地与其他控制系统集成，这是 PLC 未来的主要发展方向。

系统开放可使第三方软件在符合开放系统互联标准的 PLC 上得到移植；采用标准化的软件可大大缩短系统开发时间，提高系统的可靠性。软件的发展也表现在通信软件的应用上，近年来推出的 PLC 都具有开放系统互联和通信的功能。标准编程方法将会使软件更容易操作和学习，软件开发工具和支持软件也得到了更广泛的应用。维护软件功能的增强，降低了维护人员的技能要求，减少了培训费用。面向对象的控件和 OCP 技术等高新技术被广泛应用于软件产品中。PLC 已经开始采用标准化的软件系统，高级语言编程也正逐步形成，为进一步的软件开发打下了基础。

（7）集成安全技术应用

集成安全的基本原理是感知非正常工作状态并采取行动。安全集成系统与 PLC 标准控制系统共存，它们共享一个数据网络，安全集成系统的逻辑在 PLC 和智能驱动器硬件上运行。安全控制系统包括安全输入设备，例如急停按钮、安全门限位开关或连锁开关、安全光栅或光幕、双手控制按钮；安全控制电气元件，例如安全继电器、安全 PLC、安全总线；安全输出控制，例如主回路中的接触器、继电器、阀等。

PLC 控制系统的安全性也越来越受重视，安全 PLC 控制系统就是专门为条件苛刻的任务或安全应用而设计的。安全 PLC 控制系统在其失效时不会对人员或过程带来危险。安全技术集成到伺服驱动系统中，便可以提供最短反应时间，设定的安全相关数据在两个独立微处理器的通道中被传输和处理。如果发现某个通道中有监视参数存在误差，驱动系统就会进入安全模式。PLC 控制系统的安全技术要求系统具有自诊断能力，可以监测硬件状态、程序执行状态和操作系统状态，保护安全 PLC 不受来自外界的干扰。

在 PLC 安全技术方面，各厂商在不断研发和推出安全 PLC 产品，例如在标准 I/O 组中加上内嵌安全功能的 I/O 模块，通过编程组态来实现安全控制，从而构成了全集成的安全系统。这种基于 Ethernet Power Link 的安全系统是一种集成的模块化的安全技术，是可靠、高效的生产过程的安全保障。

由于安全集成系统与控制系统共享一条数据总线或者一些硬件，系统的数据传输和处理速度可以大幅度提高，同时节省了大量布线、安装、试运行及维护成本。罗克韦尔推出了模块式与分布式的安全 PLC，西门子的安全 PLC 业已应用于汽车制造系统中。可以预见，安全 PLC 技术将会被广泛应用于汽车、机床、机械、船舶、石化、电厂等领域。

第二节 软 PLC 技术

软 PLC 技术是目前国际工业自动化领域逐渐兴起的一项基于 PC 的新型控制技术。与传统硬 PLC 相比，软 PLC 具有更强的数据处理能力和强大的网络通信能力并具有开放的体系结构。目前，传统硬 PLC 控制系统已广泛应用于机械制造、工程机械、农林机械、矿山、冶金、石油化工、交通运输、海洋作业、军事器械以及航空航天和原子能等技术领域。但是，随着近几年计算机技术、通信和网络技术、微处理器技术、人机界面技术等迅速发展，工业自动化领域对开放式控制器和开放式控制系统的需求更加迫切，硬件和软件体系结构封闭的传统硬 PLC 遇到了严峻的挑战。由于软 PLC 技术能够较好地满足和适应现代工业自动化技术的要求，以及用户对开放式控制系统的需求，目前美国、德国等一些西方发达国家都非常重视软 PLC 技术的研究与应用，并开始有成熟的产品出现。

一、软 PLC 技术的意义

长期以来，计算机控制和传统 PLC 控制一直是工业控制领域的两种主要控制方法。PLC 自 1969 年问世以来，以其功能强、可靠性高、使用方便、体积小等优点在工业自动化领域迅速得到推广，成为工业自动化领域中极具竞争力的控制工具。但传统 PLC 的体系结构是封闭的，各个 PLC 厂家的硬件体系互不兼容，编程语言及指令系统各异，用户选择了一种 PLC 产品后，必须选择与其相适应的控制规程，学习特定的编程语言，不利于终端用户功能的扩展。

近年来，工业自动化控制系统的规模不断扩大，控制结构更趋分散和复杂，需要更多的用户接口。同时，企业整合和开放式体系的发展要求自动控制系统具有强大的网络通信能力，使企业能及时了解生产过程中的诸多信息，灵活选择解决方案，配置硬件和软件，并能根据市场行情，及时调整生产。此外，为了扩大控制系统的功能，许多新型传感器被加装到控制单元上，但这些传感器通常很难与传统 PLC 连接，且传统 PLC 价格较贵。因此，改革现有的 PLC 控制技术，发展新型 PLC 控制技术已成为当前工业自动化控制领域迫切需要解决的技术难题。

虽然计算机控制技术能够提供标准的开发平台、高端应用软件、标准的高级编程语言及友好的图形界面，但其在恶劣控制环境下的可靠性和可扩展性受到限制。因此，人们在综合计算机和 PLC 控制技术优点的基础上，逐步提出并开发了一种基于 PLC 的新型控制技术——软 PLC 控制技术。

二、软 PLC 技术简介

随着计算机技术和通信技术的发展，将高性能微处理器作为其控制核心，基于平台的技术得到迅速发展和广泛应用，这样技术既具有传统在功能、可靠性、速度、故障查找方面的特点，又具有高速运算、丰富的编程语言、方便的网络连接等优势。

基于 PC 的 PLC 技术是以 PC 的硬件技术、网络通信技术为基础，采用标准的 PC 开发语言进行开发，同时通过其内置的驱动引擎提供标准的 PLC 软件接口，使用符合 IEC61131-3 标准的工业开发界面及逻辑块图等软逻辑开发技术进行开发。通过 PC-Based PLC 的驱动引擎接口，一种 PC-Based PLC 可以使用多种软件开发，一种开发软件也可用于多种 PC-Based PLC 硬件。工程设计人员可以利用不同厂商的 PC-Based PLC 组成功能强大的混合控制系统，然后统一使用一种标准的开发界面，用熟悉的编程语言编制程序，以充分享受标准平台带来的益处，实现不同硬件之间软件的无缝移植，与其他 PLC 或计算机网络的通信方式可以采用通用的通信协议和低成本的以太网接口。

目前，利用 PC-Based PLC 设计的控制系统已成为最受欢迎的工业控制方案，PLC 与计算机已相互渗透和结合，PLC 与 PLC 的兼容，PLC 与计算机的兼容使之可以充分利用 PC 现有的软件资源。而且 IEC61131-3 作为统一的工业控制编程标准已逐步网络化，不仅能与控制功能和信息管理功能融为一体，还能与工业控制计算机、集散控制系统等进一步地渗透和结合，实现大规模系统的综合性自动控制。

三、软 PLC 工作原理

软 PLC 是一种基于 PC 的新型工业控制软件，它不仅具有硬 PLC 在功能、可靠性、速度、故障查找等方面的优点，而且有效地利用了 PC 的各种技术，具有高速处理数据和强大的网络通信能力。

利用软逻辑技术，可以自由配置 PLC 的软件、硬件，使用用户熟悉的编程语言编写程序，可以将标准的工业 PC 转换成全功能的 PLC 型过程控制器。软 PLC 技术综合了计算机和 PLC 的开关量控制、模拟量控制、数学运算、数值处理、网络通信、PID 调节等功能，通过一个多任务控制内核，提供强大的指令集、快速而准确地扫描周期、可靠的操作和可连接各种 I/O 系统及网络的开放式结构。它遵循 IEC61131-3 标准，支持五种编程语言：①结构化文本；②指令表语言；③梯形图语言；④功能块图语言；⑤顺序功能图语言 SFC，以及它们之间的相互转化。

四、软 PLC 系统组成

（一）系统硬件

软 PLC 系统具有良好的开放性能，其硬件平台较多，既有传统的 PLC 硬件，也有当前较流行的嵌入式芯片，在网络环境下的 PC 或者 DCS 系统更是软 PLC 系统的优良硬件平台。

（二）开发系统

符合 IEC61131-3 标准的开发系统提供了一个标准 PLC 编辑器，并将五种语言编译成目标代码经过连接后下载到硬件系统中，同时具有对应用程序的调试和与第三方程序通信的功能，开发系统主要具有以下功能：

①开放的控制算法接口，支持用户自定义的控制算法模块；

②仿真运行实时在线监控，可以方便地进行编译和修改程序；

③支持数据结构，支持多种控制算法，如 PID 控制、模糊控制等；

④编程语言标准化，它遵循 IEC61131-3 标准，支持多种语言编程，并且各种编程语言之间可以相互转换；

⑤拥有强大的网络通信功能，支持基于 TCP/IP 网络，可以通过网络浏览器来对现场进行监控和操作。

（三）运行系统

软 PLC 的运行系统，是针对不同的硬件平台开发出的 IEC61131-3 的虚拟机，完成对目标代码的解释和执行。对于不同的硬件平台，运行系统还必须支持与开发系统的通信和相应的 I/O 模块的通信。这一部分是软 PLC 的核心，完成输入处理、程序执行、输出处理等工作。通常由 I/O 接口、通信接口、系统管理器、错误管理器、调试内核和编译器组成。

① I/O 接口：与 I/O 系统通信，包括本地 I/O 系统和远程 I/O 系统，远程 I/O 主要通过现场总线 InterBus、ProfiBus、CAN 等实现。

②通信接口：使运行系统可以和编程系统软件按照各种协议进行通信。

③系统管理器：处理不同任务、协调程序的执行，从 I/O 映像读写变量。

④错误管理器：检测和处理错误。

第三节　PLC 控制系统的安装与调试

一、PLC 使用的工作环境要求

任何设备的正常运行都需要一定的外部环境，PLC 对使用环境有特定的要求。PLC 在安装调试过程中应注意以下几点。

（一）温度

PLC 对现场环境温度有一定要求。一般水平安装方式要求环境温度为 0 ~ 60℃，垂直安装方式要求环境温度为 0 ~ 40℃，空气的相对湿度应小于 85%（无凝露）。为了保证合适的温度、湿度，在 PLC 设计、安装时，必须考虑以下事项。

1.电气控制柜的设计

柜体应该有足够的散热空间。柜体设计应该考虑空气对流的散热孔，对发热厉害的电气元件，应该考虑设计散热风扇。

2.安装注意事项

PLC 安装时，不能放在发热量大的元器件附近，要避免阳光直射以及防水防潮；同时，要避免环境温度变化过大，内部形成凝露。

（二）振动

PLC 应远离强烈的振动源，防止 10 ~ 55Hz 的振动频率频繁或连续振动。火电厂大型电气设备中，如送风机、一次风机、引风机、电动给水泵、磨煤机等，工作时会产生较大的振动，因此 PLC 应远离以上设备。当使用环境不可避免振动时，必须采取减振措施，如采用减振胶等。

（三）空气

避免接触腐蚀和易燃的气体，例如氯化氢、硫化氢等。对于空气中有较多粉尘或腐蚀性气体的环境，可将 PLC 安装在封闭性较好的控制室或控制柜中，并安装空气净化装置。

（四）电源

PLC 供电电源为 50Hz、220(1 ± 10%)V 的交流电。对于来自电源线的干扰，PLC 本身具有足够的抵制能力。对于可靠性要求很高的场合或电源干扰特别严重的环境，可以安装一台带屏蔽层的变比为 1 ∶ 1 的隔离变压器，以减少设备与地之间的干扰。

二、PLC 自动控制系统调试

调试工作是检查 PLC 控制系统能否满足控制要求的关键工作，是对系统性能的一次客观、综合的评价。系统投用前必须经过全系统功能的严格调试，直到满足要求并经有关用户代表、监理和设计等签字确认后才能交付使用。调试人员应受过系统的专门培训，对控制系统的构成、硬件和软件的使用和操作都比较熟悉。如果调试人员在调试时发现问题，应及时联系有关设计人员，在设计人员同意后方可进行修改，修改需做详细的记录，修改后的软件要进行备份。并对调试修改部分做好文档的整理和归档。调试内容主要包括输入输出功能、控制逻辑功能、通信功能、处理器性能测试等。

（一）调试方法

PLC 实现的自动控制系统，其控制功能基本都是通过设计软件来实现的。这种软件是利用 PLC 厂商提供的指令系统，根据机械设备的工艺流程来设计的。这些指令一般不能直接操作计算机的硬件。程序设计者不能直接操作计算机的硬件，减少了软件设计的难度，使系统的设计周期缩短，同时又带来了控制系统其他方面的问题。在实际调试过程中，有时出现这样的情况：一个软件系统从理论上能完全符合机械设备的工艺要求，而在运行过程中无论如何也不能投入正常运转。在系统调试过程中，如果出现软件设计达不到机械设备的工艺要求，除考虑软件设计的方法外，还可从以下几个方面寻求解决途径。

1. 输入输出回路调试

（1）模拟量输入（AI）回路调试

要仔细核对 I/O 模块的地址分配；检查回路供电方式（内供电或外供电）是否与现场仪表相一致；用信号发生器在现场端对每个通道加入信号，通常取 0、50% 和 100% 三点进行检查。对有报警、连锁值的 AI 回路，还要对报警连锁值（如高报、低报和连锁点以及精度）进行检查，确认有关报警、连锁状态的正确性。

（2）模拟量输出（AO）回路调试

可根据回路控制的要求，用手动输出（即直接在控制系统中设定）的办法检查执行机构（如阀门开度等），通常也取 0、50% 和 100% 三点进行检查；同时通过闭环控制，检查输出是否满足有关要求。对有报警、连锁值的 AO 回路，还要对报警连锁值（如高报、低报和连锁点以及精度）进行检查，确认有关报警、连锁状态的正确性。

（3）开关量输入（DI）回路调试

在相应的现场端短接或断开，检查开关量输入模块对应通道地址的发光二极管的变化，同时检查通道的通、断变化。

（4）开关量输出（DO）回路调试

可通过 PLC 系统提供的强制功能对输出点进行检查。利用强制功能，检查开关量输出模块对应通道地址的发光二极管的变化，同时检查通道的通、断变化。

2. 回路调试注意事项

①对开关量输入输出回路，要注意保持状态的一致性，通常采用正逻辑原则，即当输入输出带电时，为"ON"状态，数据值为"1"；反之，当输入输出失电时，为"OFF"状态，数据值为"0"。这样，便于理解和维护。

②对负载大的开关量输入输出模块应通过继电器与现场隔离，即现场接点尽量不要直接与输入输出模块连接。

③使用 PLC 提供的强制功能时，要注意在测试完毕后，还原状态；在同一时间内，不应对过多的点进行强制操作，以免损坏模块。

3. 控制逻辑功能调试

控制逻辑功能调试，须会同设计、工艺代表和项目管理人员共同完成。要应用处理器的测试功能设定输入条件，根据处理器逻辑检查输出状态的变化是否正确，以确认系统的控制逻辑功能。对所有的连锁回路，应模拟连锁的工艺条件，仔细检查连锁动作的正确性，并做好调试记录和会签确认。

检查工作是对设计控制程序软件进行验收的过程，是调试过程中最复杂、技术要求最高、难度最大的一项工作。特别是在有专利技术应用、专用软件等情况下，更要仔细检查其控制的正确性，应留有一定的操作裕度，同时保证工艺操作的正常运作以及系统的安全性、可靠性和灵活性。

4. 处理器性能测试

处理器性能测试要按照系统说明书的要求进行，确保系统具有说明书描述的功能且稳定可靠，包括系统通信、备用电池和其他特殊模块的检查。对有冗余配置的系统必须进行冗余测试。即对冗余设计的部分进行全面的检查，包括电源冗余、处理器冗余、I/O 冗余和通信冗余等。

（1）电源冗余

切断其中一路电源，系统应能继续正常运行，系统无扰动；被断电的电源加电后能恢复正常。

（2）处理器冗余

切断主处理器电源或切换主处理器的运行开关，热备处理器应能自动成为主处理器，系统运行正常，输出无扰动；被断电的处理器加电后能恢复正常并处于备用状态。

（3）I/O 冗余

选择互为冗余、地址对应的输入和输出点，输入模块施加相同的输入信号，输出模块连接状态指示仪表。分别通断（或热插拔，如果允许）冗余输入模块和输出模块，检查其状态是否能保持不变。

（4）通信冗余

可通过切断其中一个通信模块的电源或断开一条网络，检查系统能否正常通信和运行；复位后，相应的模块状态应自动恢复正常。

要根据设计要求，对一切有冗余设计的模块进行冗余检查。此外，对系统功能的检查包括系统自检、文件查找、文件编译和下装、维护信息、备份等功能。对较为复杂的 PLC 系统，系统功能检查还包括逻辑图组态、回路组态和特殊 I/O 功能等内容。

（二）调试内容

1. 扫描周期和响应时间

用 PC 设计一个控制系统时，一个最重要的参数就是时间。PC 执行程序中的所有指令要用多少时间（扫描时间）？有一个输入信号经过 PC 多长时间后才能有一个输出信号（响应时间）？掌握这些参数，对设计和调试控制系统无疑非常重要。

当 PC 开始运行后，它串行地执行存储器中的程序。我们可以把扫描时间分为四个部分：①共同部分，例如清除时间监视器和检查程序存储器；②数据输入、输出；③执行指令；④执行外围设备指令。

时间监视器是 PC 内部用来测量扫描时间的一个定时器。所谓扫描时间，是执行上面四个部分总共花费的时间。扫描时间的多少取决于系统的购置、I/O 的点数、程序中使用的指令及外围设备的连接。当一个系统的硬件设计定型后，扫描时间主要取决于软件指令的长短。

从 PC 收到一个输入信号到向输出端输出一个控制信号所需的时间，叫作响应时间。响应时间是可变的，例如在一个扫描周期结束时，收到一个输入信号，下一个扫描周期一开始，这个输入信号就起作用了。这时，这个输入信号的响应时间最短，它是输入延迟时间、扫描周期时间、输出延迟时间三者的和。如果在扫描周期开始收到了一个输入信号，在扫描周期内该输入信号不会起作用，只能等到下一个扫描周期才能起作用。这时，这个输入信号的响应时间最长，它是输入延迟时间、两个扫描周期的时间、输出延迟时间三者的和。因此，一个信号的最小响应时间和最大响应时间的估算公式为：最小的响应时间＝输入延迟时间＋扫描时间＋输出延迟时间，最大的响应时间＝延迟时间＋ 2× 扫描时间＋输出延迟时间。

从上面的响应时间估算公式可以看出，输入信号的响应时间由扫描周期决定。扫描周期一方面取决于系统的硬件配置；另一方面由控制软件中使用的指令和指令的条数决定。在砌块成型机自动控制系统调试过程中会发生这样的情况：自动推板过程（把砌块从成型台上送到输送机上的过程）的启动，要靠成型工艺过程的完成信号来启动，输送砖坯的过程完成同时也是送板过程完成，通知控制系统可以完成下一个成型过程。

单从程序的执行顺序上考察，控制时序的安排是正确的。可是，在调试的过程中发现，系统实际的控制时序是，当第一个成型过程完成后，并不进行自动推板过程，而是直接开始下一个成型过程。遇到这种情况，设计者和用户的第一反应一般都是怀疑程序设计错误。经反复检查程序，并未发现错误，这时才考虑到可能是指令的响应时间产生了问题。砌块成型机的控制系统是一个庞大的系统，其软件控制指令达五六百条。成型过程的启动信号置位，成型过程开始记忆，控制开始下一个成型过程。而下一个成型过程的启动信号，由上一个成型过程的结束信号和有板信号产生。这时，就将产生这样的情况，在某个扫描周期内扫描到 HR002 信号，在执行置位推板记忆时，该信号没有响应，启动了成型过程。系统实际运行的情况是，时而工作过程正常，时而是当上一个成型过程结束时不开始推板过程，而是直接进行下一个成型过程，这可能是由输入信号的响应时间过长引起的。在这种情况下，由于硬件配置不能改变，指令条数也不可改变。处理过程中，设法在软件上做调整，使成型过程结束信号早点发出，问题就得到了解决。

2. 软件复位

在 PLC 程序设计中使用最多的是称为保持继电器的内部继电器。PLC 的保持继电器从 HR000 到 HR915，共 10×16 个。另一种是定时器或计数器，从 TIM00 到 TIM47（CNT00 到 CNT47）共 48 个（不同型号的 PLC 保持继电器，定时器的点数不同）。其中，保持继电器实现的是记忆的功能，记忆着机械系统的运转状况、控制系统运转的正常时序。在时序的控制上，为实现控制的安全性、及时性、准确性，通常采用当一个机械动作完成时，其控制信号（由保持继电器产生）在终止上一个机械动作的同时，启动下一个机械动作的控制方法。考虑到非法停机时保持继电器和时间继电器不能正常被复位的情况，在开机前，如果不强制使保持继电器复位，将会产生机械设备的误动作。系统设计时，通常采用设置硬件复位按钮的方法，需要的时候，能够使保持继电器、定时器、计数器、高速计数器强制复位。在控制系统的调试中发现，如果使用保持继电器、定时器、计数器、高速计数器次数过多，硬件复位的功能可能会不起作用，也就是说，硬件复位的方法有时不能准确、及时地使 PLC 的内部继电器、定时器、计数器复位，从而导致控制系统不能正常运转。为了确保系统的正常运转，在调试过程中，人为地设置软件复位信号作为内部信号，可确保保持继电器有效复位，使系统在任何情况下均正常运转。

3. 硬件电路

当一个两线式传感器，例如光电开关、接近开关或限位开关等，作为输入信号装置被接到 PLC 的输入端时，漏电流可能会导致输入信号为 ON。在系统调试中，偶尔产生的误动作，有可能是漏电流产生的错误信号引起的。为了防止这种情况发生，在设计硬件电路时，可在输入端接一个并联电阻。其中，不同型号的 PLC 漏电流值可查阅厂商提供的产品手册。在硬件电路上做这样的处理，可有效地避免由于漏电流产生的误动作。

三、PLC 控制系统程序调试

PLC 控制系统程序调试一般包括 I/O 端子测试和系统调试两部分，良好的调试步骤有利于加速总装调试过程。

（一）I/O 端子测试

用手动开关暂时代替现场输入信号，以手动方式逐一对 PLC 输入端子进行检查、验证，PLC 输入端子示灯点亮，表示正常；反之，应检查接线是 I/O 点坏。

我们可以编写一个小程序，在输出电源良好的情况下，检查所有 PLC 输出端子指示灯是否全亮。PLC 输入端子指示灯点亮，表示正常；反之，应检查接线是 I/O 点坏。

（二）系统调试

系统调试应首先按控制要求将电源、外部电路与输入输出端连接好，然后装载程序于 PLC 中，运行 PLC 进行调试。将 PLC 与现场设备连接。正式调试前全面检查整个 PLC 控制系统，包括电源、接线、设备连接线、I/O 连线等。保证整个硬件连接正确无误即可送电。

把 PLC 控制单元工作方式设置为"RUN"开始运行。反复调试消除可能出现的各种问题。调试过程中也可以根据实际需求对硬件做适当修改以配合软件调试。应保持足够长的运行时间使问题充分暴露并加以纠正。调试中多数是控制程序问题，一般分五步进行：①对每一个现场信号和控制量做单独测试；②检查硬件/修改程序；③对现场信号和控制量做综合测试；④带设备调试；⑤调试结束。

四、PLC 控制系统安装调试步骤

合理安排系统安装与调试程序，是确保高效优质地完成安装与调试任务的关键。经过现场检验并进一步修改后的程序如下。

（一）前期技术准备

系统安装调试前的技术工作准备的是否充分对安装与调试的顺利与否起着至关重要的作用。前期技术准备工作包括以下内容：

①熟悉 PC 随机技术资料、原文资料，深入理解其性能、功能及各种操作要求，制定操作规程。

②深入了解设计资料，对系统工艺流程，特别是要吃透工艺对各生产设备的控制要求，只有做到这两点，才能按照子系统绘制工艺流程连锁图、系统功能图、系统运行逻辑框图，这将有助于对系统运行逻辑的深刻理解，是前期技术准备的重要环节。

③熟悉各工艺设备的性能、设计与安装情况，特别是各设备的控制与动力接线图，将图纸与实物相对照，以便及时发现错误并快速纠正。

④在吃透设计方案与 PC 技术资料的基础上，列出 PC 输入输出点号表（包括内部线圈一览表，I/O 所在位置，对应设备及各 I/O 点功能）。

⑤研读设计提供的程序，将逻辑复杂的部分输入、输串点绘制成时序图，在绘制时序图时会发现一些设计中的逻辑错误，方便及时调整并改正。

⑥对分子系统编制调试方案，然后在集体讨论的基础上将子系统调试方案综合起来，成为全系统调试方案。

（二）PLC 商检

商检应由甲乙双方共同进行，应确认设备及备品、备件、技术资料、附件等的型号、数量、规格，其性能是否完好待实验现场调试时验证。商检结束后，双方应签署交换清单。

（三）实验室调试

PLC 的实验室安装与开通制作金属支架：将各工作站的输入输出模块固定其上，按安装提示将各站与主机、编程器、打印机等相连接起来，并检查接线是否正确，在确定供电电源等级与 PLC 电压选择相符后，按开机程序送电，装入系统配置带，确认系统配置，装入编程器装载带、编程带等，按照操作规则将系统开通，此时即可进行各项试验的操作。

键入工作程序：在编程器上输入工作程序。

模拟 I/O 输入、输出，检查修改程序：本步骤的目的在于验证输入的工作程序是否正确，该程序的逻辑所表达的工艺设备的连锁关系是否与设计的工艺控制要求相符，程序在运行过程中是否畅通。若不相符或不能运行完成全过程，说明程序有误，应及时进行修改。在这一过程中，对程序的理解将会进一步加深，为现场调试做好充足的准备，同时也可以发现程序不合理和不完善的部分，以便进一步优化与完善。

调试方法有以下两种。

1. 模拟方法

按设计做一块调试版，以钮子开关模拟输入节点，以小型继电器模拟生产工艺设备的继电器与接触器，其辅助接点模拟设备运行时的返回信号节点。其优点是具有模拟的真实性，可以反映开关速度差异很大的现场机械触点和 PLC 内的电子触点相互连接时，是否会发生逻辑误动作。其缺点是需要增加调试费用和部分调试工作量。

2. 强置方法

利用 PLC 强置功能，对程序中涉及现场的机械触点（开关），以强置的方法使其"通""断"，迫使程序运行。其优点是调试工作量小，简便，无须增加费用。缺点是逻辑验证不全面，人工强置模拟现场节点"通""断"，会使程序运行不能连续，只能分段进行。

逻辑验证阶段要强调逐日填写调试工作日志，内容包括调试人员、时间、调试内容、修改记录、故障及处理、交接验收签字，以建立调试工作责任制，留下调试的第一手资料。对于设计程序的修改部分，应在设计图上注明，及时征求设计者的意见，力求准确体现设计要求。

（四）PLC 的现场安装与检查

实验室调试完成后，待条件成熟，将设备移至现场安装。安装时应符合要求，插件插入牢靠，并用螺栓紧固；通信电缆要统一型号，不能混用，必要时要用仪器检查线路信号衰减量，其衰减值不超过技术资料要求的指标；测量主机、I/O 柜、连接电缆等的对地绝缘电阻；测量系统专用接地的接地电阻；检查供电电源；等等，并做好记录，待确认各项符合要求后，才可通电开机。

（五）现场工艺设备接线、I/O 接点及信号的检查与调整

对现场各工艺设备的控制回路、主回路接线的正确性进行检查并确认，在手动方式下进行单体试车；对进行 PLC 系统的全部输入点（包括转换开关、按钮、继电器与接触器触点，限位开关、仪表的位式调节开关等）及其与 PLC 输入模块的连线进行检查并反复操作，确认其正确性；对接收 PLC 输出的全部继电器、接触器线圈、其他执行元件及它们与输出模块的连线进行检查，确认其正确性；测量并记录其回路电阻、对地绝缘电阻，必要时应按输出节点的电源电压等级，向输出回路供电，以确保输出回路未短路；否则，当输出点向输出回路送电时，会因短路而烧坏模块。

一般来说，大中型 PLC 如果装上模拟输入输出模块，还可以接收和输出模拟量。在这种情况下，要对向 PLC 输送模拟输入信号的一次检测或变送元件，以及接收 PLC 模拟输出信号的调节或执行装置进行检查，确认其正确性。必要时，还应向检测与变送装置送入模拟输入量，以检验其安装的正确性及输出的模拟量是否正确，是否符合 PLC 所要求的标准；向接收 PLC 模拟输出信号调节或执行元件，送入与 PLC 模拟量相同的模拟信号，检查调节可执行装置能否正常工作。装上模拟输入与输出模块的 PLC，可以对生产过程中的工艺参数（模拟量）进行监测，按设计方案预定的模型进行运算与调节，实行生产工艺流程的过程控制。

本步骤至关重要，检查与调整过程复杂且麻烦，必须认真对待。因为只要所有外部工艺设备完好，所有送入 PLC 的外部节点正确、可靠、稳定，所有线路连接无误，以及程序逻辑验证无误，进入联动调试时，就能一举成功，收到事半功

倍的效果。

（六）统模拟联动空投试验

本步骤的试验目的是将经过实验室调试的PLC机及逻辑程序，放到实际工艺流程中，通过现场工艺设备的输入、输出节点及连接线路进行系统运行的逻辑验证。

试验时，将PLC控制的工艺设备（主要指电力拖动设备）主回路断开二相（仅保留作为继电控制电源的一相），使其在送电时不会转动。按设计要求对子系统的不同运转方式及其他控制功能，逐项进行系统模拟实验，先确认各转换开关、工作方式选择开关，其他预置开关的正确位置，然后通过PLC启动系统，按连锁顺序观察并记录PLC各输出节点所对应的继电器、接触器的吸合与断开情况，及其顺序、时间间隔、信号指示等是否与设计的工艺流程逻辑控制要求相符，观察并记录其他装置的工作情况。对模拟联动空投试验中不能动作的执行机构，料位开关，限位开关，仪表的开关量与模拟量输入、输出节点，与其他子系统的连锁等，视具体情况采用手动辅助、外部输入、机内强置等手段加以模拟，以协助PLC指挥整个系统按设计的逻辑控制要求运行。

（七）PLC控制的单体试车

本步骤试验的目的是确认PCL输出回路能否驱动继电器、接触器正常接通，从而使设备运转，并检查运转后的设备，其返回信号是否能正确送入PLC输入回路，限位开关能否正常动作。

其方法是，在PLC控制下，机内强置对应某一工艺设备（电动机、执行机构等）的输出节点，使其继电器、接触器动作，使设备运转。这时应观察并记录设备运转情况，检查设备运转返回信号及限位开关、执行机构的动作是否正确无误。

试验时应特别注意，被强置的设备应悬挂运转危险指示牌，设专人值守。待机旁值守人员发出启动指令后，PLC操作人员才能强置设备启动。应当特别重视的是，在整个调试过程中，没有充分的准备，绝不允许采用强置方法启动设备，以确保安全。

（八）PLC 控制下的系统无负荷联动试运转

本步骤的试验目的是确认经过单体无负荷试运行的工艺设备与经过系统模拟试运行证明逻辑无误的 PLC 连接后，能否按工艺要求正确运行，信号系统是否正确，检验各外部节点的可靠性、稳定性。试验前，要编制系统无负荷联动试车方案，讨论确认后严格按方案执行。试验时，先分子系统联动，子系统的连锁用人工辅助（节点短接或强置），然后进行全系统联动，试验内容应包括设计要求的各种起停和运转方式、事故状态与非常状态下的停车、各种信号等。总之，应尽可能地设想，使之更符合现场实际情况。事故状态可用强置方法模拟，事故点的设置要根据工艺要求确定。

在联动负荷试车前，一定要对全系统再进行一次全面检查，并对操作人员进行培训，确保系统联动负荷试车一次成功。

五、PLC 控制系统安装调试中的问题

（一）信号衰减问题的讨论

①从 PLC 主机至 I/O 站的信号最大衰减值为 35dB。因此，电缆敷设前应仔细规划，画出电缆敷设图，尽量缩短电缆长度（长度每增加 1km，信号衰减 0.8HB）；尽量少用分支器（每个分支器信号衰减 14dB）和电缆接头（每个电缆接头信号衰减 1dB）。

②通信电缆最好采用单总线方式敷设，即由统一的通信干线通过分支器接 I/O 站，而不是呈放射状敷设。PLC 主机左右两边的 I/O 站数及传输距离应尽可能一致，这样能保证一个较好的网络阻抗匹配。

③分支器应尽可能靠近 I/O 站，以减少干扰。

④通信电缆末端应接 75Ω 电阻的 BNC 电缆终端器，与各 I/O 柜相连接，将电缆由 I/O 柜拆下时，带 75Ω 电阻的终端头应连在电缆网络的一头，以保持良好

的匹配。

⑤通信电缆与高压电缆间至少应保证 40cm/kV；必须与高压电缆交叉时，应垂直交叉。

⑥通信电缆应避免与交流电源线平行敷设，以减少交流电源对通信的干扰。同理，通信电缆应尽量避开大电机、电焊机、大电感器等设备。

⑦通信电缆敷设要避开高温及易受化学腐蚀的地区。

⑧电缆敷设时要按 0.05%/℃留有余地，以满足热胀冷缩的要求。

⑨所有电缆接头，分支器等均应连接紧密，用螺钉紧固。

⑩剥削电缆外皮时，切忌损坏屏蔽层，切断金属箔与绝缘体时，一定要用专用工具剥线，切忌刻伤损坏中心导线。

（二）系统接地问题的讨论

①主机及各分支站以上的部分，应用 10mm 的编织铜线汇接在一起经单独引下线接至独立的接地网，一定要与低压接地网分开，以避免干扰。系统接地电阻应小于 4Ω。PLC 主机及各屏、柜与基础底座间要垫 3mm 厚橡胶使之绝缘，螺栓也要经过绝缘处理。

② I/O 站设备本体的接地应用单独的引下线引至共用接地网。

③通信电缆屏蔽层应在 PLC 主机侧 I/O 处理模块处汇集，接到系统的专用接地网，在 I/O 站一侧则不应接地。电缆接头的接地也应通过电缆屏蔽层接至专用接地网。需要特别提醒的是，决不允许电缆屏蔽层有两点接地形成闭合回路，这种情况易产生干扰。

④电源应采用隔离方式，即电源中性线接地，这样在不平衡电流出现时将经电源中性线直接进入系统中性点，而不会经保护接地形成回路，造成对 PLC 运行的干扰。

⑤ I/O 模块的接地接至电源中性线上。

（三）调试中应注意的问题

①系统联机前要进行组态，即确定系统管理的 I/O 点数，输入寄存器、保持

寄存器数、通信端口数及其参数、I/O 站的匹配及其调度方法、用户占用的逻辑区大小，等等。组态一经确认，系统便按照一定的约束规则运行。重新组态时，按原组态约定生成的程序将不能在新的组态下运行，否则会引起系统紊乱，这是要特别注意的。因此，第一次组态时须十分慎重，I/O 站、I/O 点数，寄存器数、通信端口数、用户存储空间等均要留有余地，以考虑近期的发展。但是，I/O 站、I/O 点数、寄存器数、端口数等的设置，都要占用一定的内存，同时延长扫描时间，降低运行速度；故此，余量又不能留得太多。特别要引起注意的是运行中的系统不能重新组态。

②对于大中型 PLC 机来说，CPU 对程序的扫描是分段进行的，每段程序分段扫描完毕，即更新一次 I/O 点的状态，因而大大提高了系统的实时性。但是，若程序分段不当，也可能引起实时性降低或运行速度减慢的问题。分段不同将显著影响程序运行的时间，个别程序段特长的情况尤其如此。一般来说，理想的程序分段是各段程序有大致相当的长度。

第四节　PLC 的通信及网络

一、PLC 通信概述

（一）PLC 通信介质

通信介质就是在通信系统中处于发送端与接收端之间的物理通路。通信介质一般可分为导向性和非导向性两种。导向性介质有双绞线、同轴电缆和光纤等，这种介质将引导信号的传播方向。非导向性介质一般通过空气传播信号，它不为信号引导传播方向，如短波、微波和红外线通信等。

1. 双绞线

双绞线是计算机网络中最常用的一种传输介质，一般包含 4 个双绞线对，两根线连接在一起是为了防止其电磁感应在邻近线对中产生干扰信号。双绞线分为屏蔽双绞线 STP 和非屏蔽双绞线 UTP，非屏蔽双绞线有线缆外皮作为屏蔽层，适用于网络流量不大的场合。屏蔽式双绞线具有一个金属甲套，对电磁干扰 EMI（Electromagnetic Interference）具有较非常弱的抵抗能力，适用于网络流量较大的高速网络。

双绞线由两根具有绝缘保护层的 22 号、26 号绝缘铜导线相互缠绕而成。把两根绝缘的铜导线按一定密度互相绞在一起，这种方法可以降低信号的干扰。每一组导线在传输中辐射的电波会相互抵消，以降低电波对外界的干扰。把一对或多对双绞线放在一个绝缘套管中便成了双绞线电缆。在双绞线电缆内，不同线对应不同的扭绞长度，一般来说，扭绞长度在 1 ~ 14cm 内并按逆时针方向扭绞，相邻线对的扭绞长度在 12.7cm 以上。与其他传输介质相比，双绞线在传输距离、信道宽度和数据传输速度等方面均受到一定限制，但价格较为低廉。

在双绞线上传输的信号可以分为共模信号和差模信号，在双绞线上传输的语音信号和数据信号都属于差模信号，而外界的干扰，例如线对间的串扰、线缆周围的脉冲噪声或者附近广播的无线电电磁干扰等属于共模信号。在双绞线接收端，变压器及差分放大器会将共模信号消除掉，而双绞线的差分电压会被当作有用信号进行处理。

作为最常用的传输介质，双绞线具有以下特点：

（1）能够有效抑制串扰噪声

与早期用来传输电报信号的金属线路相比，双绞线具有共模抑制机制，在各个线对之间采用不同的绞合度可以有效消除外界噪声的影响并抑制其他线对的串音干扰，双绞线低成本地提高了电缆的传输质量。

（2）双绞线易于部署

线缆表面材质为聚乙烯等塑料，具有良好的阻燃性和较轻的重量，而且内部的铜质电缆的弯曲度很好，可以在不影响通信性能的基础上做到较大幅度的弯曲。双绞线这种轻便的特征，使其便于部署。

（3）传输速率高且利用率高

目前广泛部署的五类线传输速度达到 100Mbps，并且还有相当大的潜力可以挖掘。在基于电话线的 DSL 技术中，电话线上可以同时进行语音信号和宽带数字信号的传输，互不影响，大大提高了线缆的利用率。

（4）价格低廉

目前双绞线线缆已经具有相当成熟的制作工艺，与光纤线缆和同轴电缆相比，双绞线价格低廉且容易购买。双绞线的这种价格优势，使它能够做到在不过多影响通信性能的前提下有效地降低综合布线工程的成本，这也是它被广泛应用的一个重要原因。

2. 同轴电缆

同轴电缆是局域网中最常见的传输介质之一。它是由相互绝缘的同轴心导体构成的电缆，内导体为铜线，外导体为铜管或铜网。圆筒式的外导体套在内导体外面，两个导体间用绝缘材料隔离，外层导体和中心祐芯线的圆心在同一个轴心上，同轴电缆因此而得名。同轴电缆之所以设计成这样，是为了将电磁场封闭在内外导体之间，减少辐射损耗，防止外界电磁波干扰信号传输。常用于传送多路电话和电视。同轴电缆主要由铜导线、塑料绝缘层、外导体屏蔽层、保护套四部分组成。同轴电缆以一根硬的铜线为中心，中心铜线又用一层柔韧的塑料绝缘体包裹。

目前得到广泛应用的同轴电缆主要有 50Ω 电缆和 75Ω 电缆两类。50Ω 电缆用于基带数字信号传输，又被称为基带同轴电缆。电缆中只有一个信道，数据信号采用曼彻斯特编码方式，数据传输速率可达 10Mbps，这种电缆主要用于局域以太网。75Ω 电缆是 CATV 系统使用的标准，它既可用于传输宽带模拟信号，也可用于传输数字信号。对于模拟信号而言，其工作频率可达 400MHz。若在这种电缆上使用频分复用技术，则可使其同时具有大量的信道，每个信道都能传输模拟信号。

同轴电缆曾经广泛应用于局域网，它的主要优点为：它在长距离数据传输时所需要的中继器更少；它比非屏蔽双绞线贵，但比光缆便宜。然而同轴电缆要求外导体层妥善接地，这加大了安装难度。正因为如此，虽然它有独特的优点，但现在也不再被广泛应用。

3. 光纤

光纤是一种传输光信号的媒介。光纤的结构：处于光纤最内层的纤芯是一种横截面积很小、质地脆、易断裂的光导纤维，制造这种纤维的材料既可以是玻璃也可以是塑料。纤芯的外层裹有一个包层，它由折射率比纤芯小的材料制成。正是由于在纤芯与包层之间存在折射率的差异，光信号才得以通过全反射在纤芯中不断向前传播。在光纤的最外层则是起保护作用的外套。通常都是将多根光纤扎成束并裹以保护层制成多芯光缆。

光纤有多种分类方式。根据制作材料的不同，光纤可分为石英光纤、塑料光纤、玻璃光纤等；根据传输模式不同，光纤可分为多模光纤和单模光纤；根据纤芯折射率的分布不同，光纤可分为突变型光纤和渐变型光纤；根据工作波长的不同，光纤可分为短波长光纤、长波长光纤和超长波长光纤。

单模光纤的带宽最宽，多模渐变光纤次之，多模突变光纤的带宽最窄；单模光纤适于大容量远距离通信，多模渐变光纤适于中等容量中等距离的通信，而多模突变光纤只适于小容量的短距离通信。

在实际光纤传输系统中，还应装置与光纤配套的光源发生器件和光检测器件。目前最常见的光源发生器件是发光二极管（LED）和注入激光二极管（ILD）。光检测器件是在接收端能够将光信号转化成电信号的器件，目前使用的光检测器件有光电二极管（PIN）和雪崩光电二极管（APD），光电二极管的价格较便宜，而雪崩光电二极管具有较高的灵敏度。

与一般的导向性通信介质相比，光纤具有以下优点：

（1）光纤支持很大的带宽

其范围在 1014 ~ 1015Hz，这个范围覆盖了红外线和可见光的频谱。

（2）具有很快的传输速率

当前限制其传输速率的因素为信号生成技术。

（3）光纤抗电磁干扰能力强

光纤中传输的是不受外界电磁干扰的光束，而光束本身又不向外辐射，因此它适用于长距离的信息传输及安全性要求较高的场合。

（4）光纤衰减较小，中继器的间距较大

采用光纤传输信号时，在较长距离内可以不设置信号放大设备，从而减少了整个系统中继器的数目。

当然光纤也存在一些缺点，如系统成本较高、不易安装与维护、质地脆易断裂等。

（二）PLC 数据通信方式

1. 并行通信与串行通信

数据通信方式主要有并行通信和串行通信两种。

并行通信是以字节或字为单位的数据传输方式，除了 8 根或 16 根数据线、1 根公共线，还需要数据通信联络用的控制线。并行通信的传送速度非常快，但是由于传输线的根数多，成本较高，一般用于近距离的数据传送。并行通信一般位于 PLC 的内部，如 PLC 内部元件之间、PLC 主机与扩展模块之间或近距离智能模块之间的数据通信。

串行通信是以二进制的位（bit）为单位的数据传输方式，每次只能够传送一位，除了地线，在一个数据传输方向上只需要一根数据线，这根线既作为数据线又作为通信联络控制线，数据和联络信号在这根线上按位进行传送。串行通信需要的信号线很少，最少的只需要两三根线，适用于距离较远的场合。计算机和 PLC 都备有通用的串行通信接口，在工业控制中一般使用串行通信。串行通信多用于 PLC 与计算机之间、多台 PLC 之间的数据通信。

在串行通信中，传输速率常用比特率（每秒传送的二进制位数）来表示，其单位是比特 / 秒（bit/s）或 bps。传输速率是评价通信速度的重要指标。常用的标准传输速率有 300bps、600bps、1200bps、2400bps、4800bps、9600bps 和 19200bps 等。不同的串行通信的传输速率差别极大，有的只有数百 bps，有的可达 100Mbps。

2. 单工通信与双工通信

串行通信按信息在设备间的传送方向又分为单工通信和双工通信两种方式。

单工通信方式只能沿单一方向发送或接收数据。双工通信方式的信息可沿两个方向传送，每一个站既可以发送数据，也可以接收数据。

双工方式又分为全双工方式和半双工方式两种。数据的发送和接收分别由两根或两组不同的数据线负责，通信的双方都能在同一时刻接收和发送信息，这种传送方式称为全双工方式；用同一根线或同一组线接收和发送数据，通信的双方在同一时刻只能发送数据或接收数据，这种传送方式称为半双工方式。在 PLC 通信中常采用半双工和全双工通信。

3. 异步通信与同步通信

在串行通信中，通信的速率与时钟脉冲有关，接收方和发送方的传送速率应相同，但是实际的发送速率与接收速率之间总是存在一些细小的差别，如果不采取一定的措施，在连续传送大量的信息时，将会因积累误差造成错位，使接收方收到错误的信息。为了解决这一问题，需要使发送和接收同步。按同步方式的不同，可将串行通信分为异步通信和同步通信。

异步通信的信息格式是发送的数据字符由一个起始位、7 ~ 8 个数据位、1 个奇偶校验位（可以没有）和停止位（1 位、1.5 位或 2 位）组成。通信双方需要对所采用的信息格式和数据的传输速率作相同的约定。接收方检测到停止位和起始位之间的下降沿后，将它作为接收的起始点，在每一位的中点接收信息。由于一个字符中包含的位数不多，即使发送方和接收方的收发频率略有不同，也不会因两台机器之间的时钟周期的误差积累而导致错位。异步通信传送附加的非有效信息较多，它的传输效率较低，一般用于低速通信，PLC 一般使用异步通信。

同步通信以字节为单位（一个字节由 8 位二进制数组成），每次传送 1 ~ 2 个同步字符、若干个数据字节和校验字符。同步字符起联络作用，用它来通知接收方接收数据。在同步通信中，发送方和接收方要保持完全的同步，这意味着发送和接收应使用同一时钟脉冲。在近距离通信时，可以在传输线中设置一根时钟信号线。在远距离通信时，可以在数据流中提取出同步信号，使接收方得到与发送方完全相同的接收时钟信号。由于同步通信方式不需要在每个数据字符中加起始位、停止位和奇偶校验位，只需要在数据块（往往很长）之前加一两个同步字符，所以传输效率高，但是对硬件的要求较高，一般用于高速通信。

（三）数据通信形式

1. 基带传输

基带传输是按照数字信号原有的波形（以脉冲形式）在信道上直接传输的方式，它要求信道具有较宽的通频带。基带传输不需要调制解调，设备花费少，适用于较小范围的数据传输。基带传输时，通常要对数字信号进行一定的编码，常用数据编码方法包括非归零码 NRZ、曼彻斯特编码和差动曼彻斯特编码等。后两种编码不含直流分量、包含时钟脉冲、便于双方自动同步，所以应用非常广泛。

2. 频带传输

频带传输是一种采用了调制解调技术的传输方式。通常由发送端采用调制手段，对数字信号进行某种变换，将代表数据的二进制"1"和"0"，转换成具有一定频带范围的模拟信号，以便于在模拟信道上传输；接收端通过解调手段进行相反变换，把模拟的调制信号复原为"1"和"0"。常用的调制方法有频率调制、振幅调制和相位调制。具有调制、解调功能的装置称为调制解调器，即 Modem。频带传输较复杂，传送距离较远，若通过市话系统配备 Modem，则传送距离将不会受到限制。

在 PLC 通信中，基带传输和频带传输两种传输形式都是很常见的，但是大多采用基带传输。

（四）数据通信接口

1.RS-232S 通信接口

RS-232C 由 RS-232 发展而来，至今仍在计算机和其他相关设备通信中被广泛使用。当通信距离较近时，通信双方可以直接连接，在通信中不需要控制联络信号，只需要 3 根线，即发送线（TXD）、接收线（RXD）和信号地线（GND），便可以实现全双工异步串行通信。工作在单端驱动和单端接收电路。计算机通过 TXD 端子向 PLC 的 RXD 发送驱动数据，PLC 的 TXD 接收数据后返回计算机的 RXD 数，由系统软件通过数据线传输数据；如三菱 PLC 的设计编程软件 FXGP/WIN-C 和西门子 PLC 的 STEP7-Micro/WIN32 编程软件等可方便实现系统控制通信。其工作方式简单，RXD 为串行数据接收信号，TXD 为串行数据发送信号，GND 接地连接线。其工作方式是串行数据从计算机 TXD 输出，PLC 的 RXD 端接收到串行数据同步脉冲，再由 TXD 端输出同步脉冲到计算机的 RXD 端，同时保持通信。从而实现全双工数据通信。

2.RS-422A/RS-485 通信接口

RS-422A 采用平衡驱动、差分接收电路，从根本上取消信号地线。平衡驱动器相当于两个单端驱动器，其输入信号相同，两个输出信号互为反相信号。外部输入的干扰信号是以共模方式出现的，两根传输线上的共模干扰信号相同，因此接收器差分输入，共模信号可以互相抵消。只要接收器有足够的抗共模干扰能力，就能从干扰信号中识别出驱动器输出的有用信号，从而克服外部干扰影响。在 RS-422A 工作模式下，数据通过 4 根导线传送，因此，RS-422A 是全双工工作方式，在两个方向同时发送和接收数据。两对平衡差分信号线分别用于发送和接收。

RS-485 是在 RS-422A 的基础上发展来的，RS-485 许多规定与 RS-422A 相仿；RS-485 为半双工通信方式，只有一对平衡差分信号线，不能同时发送和接收数据。使用 RS-485 通信接口和双绞线可以组成串行通信网络。以半双工的通信方式工作，数据可以在两个方向上传送，但是同一时刻只限于一个方向传送。计算机端发送，PLC 端接收，或者 PLC 端发送，计算机端接收。

3.RS-232C/RS-422A（RS-485）接口应用

（1）RS-232/232C

RS-232 数据线接口简单方便，但是传输距离短，抗干扰能力差，为了弥补

RS-232 的不足，改进发展成为 RS-232C 数据线，典型应用有计算机与 Modem 的接口，计算机与显示器终端的接口，计算机与串行打印机的接口等。主要用于计算机之间通信，也可用于小型 PLC 与计算机之间通信。如三菱 PLC 等。

（2）RS-422/422A

RS-422A 是 RS-422 的改进数据接口线，数据线的通信口为平衡驱动，差分接收电路，传输距离远，抗干扰能力强，数据传输速率高，广泛用于小型 PLC 接口电路，如与计算机链接。小型控制系统中的 PLC 除了使用编程软件，一般不需要与别的设备通信，PLC 的编程接口一般是 RS-422A 或 RS-485，用于与计算机之间的通信；而计算机的串行通信接口是 RS-232C，编程软件与 PLC 交换信息时需要配接专用的带转接电路的编程电缆或通信适配器。网络端口通信，如主站点与从站点之间，从站点与从站点之间的通信可采用 S-485。

（3）RS-485

RS-485 是在 RS-422A 的基础上发展来的，主要有以下特点。

①传输距离远，一般为 1200m，实际可达 3000m，可用于远距离通信。

②数据传输速率高，可达 10Mbit/s；接口采用屏蔽双绞线传输。注意平衡双绞线的长度与传输速率成反比。

③接口采用平衡驱动器和差分接收器的组合，抗共模干扰能力增强，即抗噪声干扰性能好。

④RS-485 接口在总线上允许连接多达 128 个收发器，即具有多站网络能力。

注意，如果 RS-485 的通信距离大于 20m，且出现通信干扰现象，要考虑对终端匹配电阻的设置问题。由于 RS-485 性能优越，因此被广泛用于计算机与 PLC 数据通信，其除普通接口通信外，还有以下功能：一是作为 PPI 接口，用于 PG 功能、HMI 功能 TD2O0OPS7-200 系列 CPU/CPU 通信。二是作为 MPI 从站，用于主站交换数据通信。三是作为中断功能的自由可编程接口方式用于同其他外部设备进行串行数据交换等。

二、PLC 网络的拓扑结构及通信协议配置

（一）控制系统模型简介

PLC 制造厂常常用金字塔 PP（Productivity Pyramid）结构来描述它的产品所提供的功能，表明 PLC 及其网络在工厂自动化系统中，由上到下在各层都发挥着作用。这些金字塔的共同点是：上层负责生产管理，底层负责现场控制与检测，中间层负责生产过程的监控及优化。国际标准化组织对企业自动化系统的建模进行了一系列的研究，提出了 6 级模型。它的第 1 级为检测与执行器驱动，第 2 级为设备控制，第 3 级为过程监控，第 4 级为车间在线作业管理，第 5 级为企业短期生产计划及业务管理，第 6 级为企业长期经营决策规划。

（二）PLC 网络的拓扑结构

因为 PLC 各层对通信的要求相去甚远，所以只有采用多级通信子网，构成复合型拓扑结构，在不同级别的子网中配置不同的通信协议，才能满足各层对通信的要求。而且采用复合型结构不仅使通信具有适应性，而且具有良好的可扩展性，用户可以根据投资和生产的发展，从单台 PLC 到网络，从底层向高层逐步扩展。下面以西门子公司的 PLC 网络为例，描述 PLC 网络的拓扑结构和协议配置。

西门子公司是欧洲最大 PLC 制造商，在大中型 PLC 市场上享有盛名。西门子公司的 S7 系列 PLC 网络，采用 3 级总线复合型结构，最低一级为远程 I/O 链路，负责与现场设备通信，在远程 I/O 链路中配置周期 I/O 通信机制。在中间一级的是 Profibus 现场总线或主从式多点链路。前者是一种新型的现场总线，可承担现场、控制、监控三级的通信，采用令牌方式或轮循相结合的存取控制方式；后者是一种主从式总线，采用轮循式通信。最高层为工业以太网，它负责传送生产管理信息。在工业以太网通信协议的下层中配置以 802.3 为核心的以太网协议，在上层向用户提供接口，实现协议转换。

（三）PLC 网络各级子网通信协议配置规律

通过典型 PLC 网络的介绍，可以看到 PLC 各级子网通信协议的配置规律如下。

① PLC 网络通常采用 3 级或 4 级子网构成的复合型拓扑结构，各级子网中配置不同的通信协议，以适应不同的通信要求。

② PLC 网络中配置的通信协议有两类：一是通用协议；二是专用协议。

③在 PLC 网络的高层子网中配置的通用协议主要有两种：一是 MAP 规约（MAP3.O）；二是 Ethernet 协议，这反映了 PLC 网络标准化与通用化的趋势。PLC 间的互联、PLC 网与其他局域网的互联将通过高层协议进行。

④在 PLC 网络的低层子网及中间层子网采用专用协议。其最底层由于传递过程数据及控制命令，这种信息很短，对实时性要求较高，常常采用周期 I/O 方式通信；中间层负责传递监控信息，信息长度在过程数据和管理信息之间，对实时性要求比较高，常常采用令牌方式控制通信，也可采用主从式控制通信。

⑤个人计算机加入不同级别的子网，必须根据所联入的子网要求配置通信模板，并按照该级子网配置的通信协议编制用户程序，一般在 PLC 中无须编制程序。对于协议比较复杂的子网，可购置厂家提供的通信软件装入个人计算机中，将使用户通信程序的编制变得比较简单方便。

⑥ PLC 网络低层子网对实时性要求较高，通常只有物理层、链路层、应用层；而高层子网传送管理信息，与普通网络性质接近，但考虑到异种网互联，因此，高层子网的通信协议大多为 7 层。

（四）PLC 通信方法

在 PLC 及其网络中通信方法分为两大类：一类是并行通信，另一类是串行通信。并行通信一般发生在 PLC 内部，它指的是多处理器之间的通信，以及 PLC 中 CPU 单元与各智能模板的 CPU 之间的通信。本书主要讲述 PLC 网络的串行通信。

PLC 网络从功能上可以分为 PLC 控制网络和 PLC 通信网络。PLC 控制网络只传送 ON/OFF 开关量，且一次传送的数据量较少。如 PLC 的远程 I/O 链路，通过 Link 区交换数据的 PLC 同位系统。它的特点是尽管要传送的开关量远离 PLC，但 PLC 对它们的操作，就像直接对自己的 I/O 区操作一样简单、方便、迅速。PLC 通信网络又称为高速数据公路，这类网络传递开关量和数字量，一次传递的数据量较大，它类似于普通局域网。

1. "周期 I/O 方式"通信

PLC 的远程 I/O 链路就是一种 PLC 控制网络，在远程 I/O 链路中采用"周期 I/O 方式"交换数据。远程 I/O 链路按主从方式工作，PLC 的远程 I/O 主单元在远程 I/O 链路中担任主站，其他远程 I/O 单元皆为从站。主站中负责通信的处理器采用周期扫描方式，按顺序与各从站交换数据，把与其对应的命令数据发送给从站，同时，从站中读取数据。

2. "全局 I/O 方式"通信

全局 I/O 方式是一种共享存储区的串行通信方式，它主要用于带有连接存储区的 PLC 之间的通信。

在 PLC 网络的每台 PLC 的 I/O 区中各划出一块来作为链接区，每个链接区都采用邮箱结构。相同编号的发送区与接受区大小相同，占用相同的地址段，一个为发送区，其他为接收区。采用广播方式通信。PLC1 把 1# 发送区的数据在 PLC 网络上广播，PLC2、PLC3 把它接收下来存在各自的 1# 接收区中；PLC2 把 2# 发送区的数据在 PLC 网络上广播，PLC1、PLC3 把它接收下来存在各自的 2# 接收区中；以此类推。因为每台 PLC 的链接区大小一样，占用的地址段相同，数据保持一致，所以每台 PLC 访问自己的链接区，就等于访问了其他 PLC 的链接区，也就相当于与其他 PLC 交换了数据。这样链接区就变成了名副其实的共享存储区，共享存储区成为各 PLC 交换数据的中介。

全局 I/O 方式中的链接区是从 PLC 的 I/O 区划分出来的，经过等值化通信变成所有 PLC 共享，因此称为"全局 I/O 方式"。这种方式 PLC 直接用读写指令对链接区进行读写操作，简单、方便、快速，但应注意在一台 PLC 中对某地址的写操作在其他 PLC 中对同一地址只能进行读操作。

3. 主从总线 1 ∶ N 通信方式

主从总线通信方式又称为 1 ∶ N 通信方式，这是在 PLC 通信网络上采用的一种通信方式。在总线结构的 PLC 子网上有 N 个站，其中只有 1 个主站，其他皆是从站。这种通信方式采用集中式存取控制技术分配总线使用权，通常采用轮询表法，轮询表即一张从机号排列顺序表，该表配置在主站中，主站按照轮询表的排列顺序对从站进行询问，看它是否要使用总线，从而达到分配总线使用权的目的。

为了保证实时性，要求轮询表包含每个从站号不能少于一次，这样在周期轮询时，每个从站在一个周期中至少有一次机会取得总线使用权，从而保证了每个站的基本实时性。

4. 令牌总线 N ∶ N 通信方式

令牌总线通信方式又称为 N ∶ N 通信方式。在总线结构上的 PLC 子网上有 N 个站，其地位平等，没有主从站之分。这种通信方式采用令牌总线存取控制技术。在物理上组成一个逻辑环，让一个令牌在逻辑环中按照一定方向依次流动，获得令牌的站就取得了总线使用权。

热处理生产线 PLC 控制系统监控系统中采用 1 ∶ 1 式"I/O 周期扫描"的 PLC 网络通信方法，即把个人计算机联入 PLC 控制系统中，计算机是整个控制系统的超级终端，同时也是整个系统数据流通的重要枢纽。通过设计专业 PLC 控制系统监控软件，实现对 PLC 系统的数据读写、工艺流程、质量管理，以及动态数据检测与调整等功能，通过建立配置专用通信模板，实现通信连接，在协议配置上采用 9600bps 的通信波特率、FCS 奇偶校验和 7 位的帧结构形式。

这样的协议配置和通信方法主要是根据该热处理生产线结构较简单、PLC 控制点数不多、控制炉内碳势难度不大和通信控制场所范围较小的特点选定的，是通过 RS485 串行通信总线，实现 PLC 与计算机之间的数据交流的，经过现场生产运行，证明该系统的协议配置和通信方法的选用是有效、切实可行的。

第五节　基于电气工程自动化控制中 PLC 技术的应用

一、PLC 技术在电气工程及自动化控制中的特点

（一）灵活可编程

PLC 技术的最大特点之一是其灵活可编程。通过 PLC 编程软件，工程师可以对 PLC 控制器进行程序设计，实现各种复杂的控制逻辑。这种可编程性使得 PLC 系统适应性非常强，能够灵活适应不同的生产流程和需求。工程师可以根据实际情况，对 PLC 程序进行修改和优化，而无须改变硬件设备，节省了大量成本和时间。这使 PLC 技术在面对生产线的变化和升级时，表现出更强大的适应能力。

（二）可靠性高

PLC 控制器经过严格的测试和验证，具有较高的可靠性和稳定性。PLC 厂家对产品进行严格的质量控制，确保其在恶劣的工业环境下也能稳定运行。相比传统的继电器控制系统，PLC 系统不容易出现因继电器接触不良而导致的故障，从而提高了整个控制系统的稳定性和可靠性。此外，PLC 控制器还具有自我监测和自我保护的功能，一旦发生故障，能够及时报警并采取相应的措施，保证生产过程的安全。

（三）易于维护

PLC 系统的硬件模块化设计和软件可视化编程使维护和故障排除变得相对简单。PLC 的硬件部分由模块组成，当发生故障时，可以通过更换故障模块来进行修复，而不需要对整个系统进行大规模的维修。此外，PLC 编程软件通常采用图形化界面，工程师可以通过拖拽、连线等简单的操作完成复杂的编程任务，大大

降低了编程的复杂性，维护人员更容易理解和修改程序，提高了系统的可维护性和可操作性。

（四）适应性强

PLC 技术具有较强的适应性，可以与其他自动化设备和系统进行无缝集成。PLC 系统可以通过各种通信接口与其他设备进行数据交换，实现多个设备之间的协同工作。这使 PLC 系统能够成为工业自动化控制中的核心控制器，实现对整个生产过程的全面控制。通过 PLC 的协调与调度，各个设备之间可以实现高效的信息共享与互动，从而提高生产效率和产品质量。

二、PLC 技术在电气工程自动化控制中的应用

（一）PLC 在控制开关中的应用

PLC 技术在电气工程自动化控制中的应用非常广泛，其中包括在电气工程控制开关中的应用。PLC 系统通过数字信号控制电气设备，具有更高的稳定性和可靠性。PLC 系统的模块化设计使维护和管理变得更加容易和方便，还可以在需要时更换单个模块，而无须重新设置整个系统。此外，PLC 系统还具有自我诊断和故障检测功能，当系统出现问题时，PLC 系统可以自动检测并报告问题，从而让维护人员更快地采取措施。在电气工程控制开关中，PLC 可以实现对电气设备的自动化控制和监测，提高生产效率和管理效益。PLC 可以根据预设的逻辑和规则执行各种操作，例如打开或关闭开关、调节电气设备的温度和压力等。PLC 还可以与各种传感器和执行器进行通信，以获取关键的输入和输出信号。这些信号可以用于监测设备的状态，并在需要时采取相应的措施，以确保设备的安全和可靠性。

（二）PLC 在集中管控电气设备系统中的应用

通过 PLC 系统的逻辑控制，可以实现对多个电气设备的集中控制和管理，

从而提高生产效率和管理效益。在集中控制方面，PLC 可以实现对多个电气设备的自动化控制和监测，避免了人工干预的烦琐和复杂性。PLC 的集中管控不仅可以提高生产效率，还可以降低管理成本，使企业的管理更加精细化。此外，PLC 技术的应用还可以提高电气设备的安全性和稳定性，保障生产线的稳定运行，从而提高企业的生产质量和效率。对于企业而言，采用 PLC 技术可以使多个电气设备互相协作，实现更高效的生产流程。PLC 在集中管控电气设备系统中的应用可以大幅度简化企业的管理流程，减少人力和物力资源的浪费，提高企业的生产效率和经济效益。

（三）PLC 技术在机床设备中的应用

PLC 技术在机床设备中的应用非常广泛。利用 PLC 系统的逻辑控制和数据采集功能，可以实现对机床设备的自动化控制和监测，提高生产效率和机床设备的使用寿命。事实上，PLC 技术在机床设备中的应用远不只于对设备本身的控制和监测，它还可以用于整个生产流程的自动化控制和监测，包括原材料跟踪、生产线控制以及最终产品的质量控制等。因此，在电气工程自动化控制领域，PLC 技术在机床设备中的应用已经成为提高生产效率和产品质量不可或缺的手段。此外，PLC 技术在机床设备中的应用也不断推陈出新。例如，随着智能制造时代的到来，越来越多的机床设备开始集成人工智能和机器学习等技术，以实现更智能化的生产控制和优化。而 PLC 技术的应用也在这一过程中发挥着越来越重要的作用。通过 PLC 系统的智能控制和数据分析功能，机床设备可以更加智能地进行自我优化和调节，从而进一步提高生产效率和产品质量。

（四）PLC 在工业机器人设备中的应用

PLC 技术的应用可以实现对工业机器人设备的远程监控和控制。这意味着，即使工业机器人设备位于远离操作员的地方，也可以通过 PLC 技术进行控制和监测。这种远程监控和控制的功能不仅可以提高生产效率，还可以减少人力和物力的浪费。除此之外，PLC 技术的应用还可以实现对工业机器人设备的更加精细的控制，从而提高生产效率，降低工业机器人设备的故障率。

随着科技的不断进步，PLC 技术的应用前景和发展趋势将会更加广阔。未来，PLC 技术将会在更广泛的领域得到应用，包括智能制造、智能建筑、智能交通等。同时，随着互联网和大数据技术的不断发展，PLC 技术也将会与这些技术相结合，更好地满足现代生产的需求和要求。相信在未来的发展中，PLC 技术将会得到更加广泛的应用和发展。

第四章

建筑电力系统安全与稳定分析

第一节　电力系统功角暂态稳定

一、概念与研究方法

电力系统功角暂态稳定是指电力系统在受到较大干扰情况下，可以恢复到原始的运行方式或进入另一个新的稳态，并保持发电机同步运行的能力。大干扰可能是发生在线路、变压器或母线上的故障，或切机、切负荷、重合闸操作等扰动。当系统受到大干扰时，发电机的输入机械功率和输出电磁功率失去平衡，发电机转子的转速和角度发生变化，此时会使各机组间发生相对摇摆，如果这种摇摆不足以引起系统中各发电机的失步，系统能恢复到原来的运行状态或过渡到一个新的平衡状态，则认为系统在此干扰下是暂态稳定的；如果这种摇摆最终使发电机之间失去同步，或是出现电压急剧降低而无法恢复的情况，则认为系统失去暂态稳定。

与小干扰稳定极限不同，暂态稳定极限与受到的扰动形式和大小有关。受到的干扰（包括故障类型、地点、切除时间等）越大，暂态稳定的极限就越小。在实际工作中，除了用输送功率来确定暂态稳定性能外，也用其他间接量来评价其暂态稳定性能。如对某一特定故障的允许断开的最长时间；或者在某一故障后，为保证稳定所需的最小切机容量等。

系统失去暂态稳定可能造成大面积停电，给国民经济带来巨大损失，因此，在电力系统规划、设计、运行等工作中都需要进行暂态稳定分析。目前，电力系统暂态稳定分析主要有两种方法，即时域求解法（又称逐步积分法）和直接法（又称暂态能量函数法）。

时域求解法将电力系统各元件模型根据元件间拓扑关系形成全系统模型，建立一组联立的微分方程组和代数方程组，然后以稳态工况或潮流解为初值，求扰动下的数值解，逐步求得系统状态变量和代数变量随时间的变化曲线，并根据发电机转子摇摆曲线来判别系统在大扰动下能否保持稳定。时域求解法直观、简单，可适应各种不同的元件模型、系统故障和操作，可用于几千条线路、几千条母线构成的大系统，因而得到了广泛应用。但其缺点是大量的数值积分计算耗费较多时间，较难适应在线实时的应用场合；此外，时域求解法不能提供关于系统稳定度和不稳定度的信息，且当系统失稳时，难以对控制措施的设计提供帮助。

暂态能量函数法也称李雅普诺夫直接法（简称"直接法"），它从系统能量角度去看稳定问题，优点在于可快速做出稳定判断，不再需要通过积分计算整个系统的运动轨迹。直接法也可用于大系统，但模型较简单，分析结果偏于保守。时域求解法和直接法相结合能较好地进行在线和离线的暂态稳定的分析，从而有利于指导系统的安全运行。

二、暂态稳定性问题分析

影响暂态稳定性的因素有：①发电机故障前的功率大小影响暂态过程中的加速面积和减速面积的大小，功率越大，加速面积越大，相应的暂态稳定性越低；②故障的类型或故障的严重程度影响故障期间的加速面积，故障越严重，加速面积越大，相应的暂态稳定性越低；③故障切除时刻发电机角度大小影响加速面积的大小，所以快速切除故障是提高电力系统暂态稳定性的有效措施。此外，故障切除后网络参数的变化、提高暂态稳定的措施等也将在不同程度上影响暂态稳定的过程。

简单电力系统（单机或双机系统）可以用等面积定则做定性分析，以显示电力系统在大干扰情况下的特性，简单阐明暂态稳定的物理过程（如确定切除故障的极限角等）。但如果需要较完整地阐明暂态过程的物理特性及调节和控制问题（如确定继电器及开关设备的动作时间、自动调节装置的动作速度、励磁系统的上升速度、切负荷继电器整定等），或需要获得暂态过程随时间变化的全过程曲线，则要求解非线性微分方程组，也就是暂态稳定时域求解方法。

三、复杂系统暂态稳定的时域响应及求解

暂态稳定时域求解方法的主要步骤：

①建立表示电力系统及其各类元件动态行为的数学模型。

②确定初始运行方式和将研究的扰动情况（如类型、地点等）。

③计算电力系统各种状态下的时域解，确定电力系统的暂态响应。

④分析得到的时域解，判断在干扰后是否可达到新的稳定，或者是否失去稳定。

⑤重复对别的初始运行方式和扰动下的电力系统动态行为进行计算分析。

（一）电力系统各元件的数学模型

复杂电力系统暂态稳定研究应包括以下模型：①同步电机；②励磁系统；③机械转矩；④负荷；⑤网络，同时需根据研究目的、扰动强度、控制特性等合理选择模型的精度。如靠近扰动处的电力系统元件可用较精确的模型，远离扰动处可用较简单的模型，当然对于精确的模型还应考虑是否能得到所需参数。此外，当需要考虑故障后较长时间内的暂态过程时（如是否有不断增大的振荡，是否出现附加的和连锁性的扰动），还需增加下列模型：①继电保护；②较精确的负荷模型；③附加的控制系统模型。此外，电力系统的机电运动方程式是分析和研究电力系统暂态稳定性的重点，而发电机在暂态过程中的基本运动方程式是牛顿定理，即惯性 × 角加速度＝净转矩，该方程通常是一个二阶微分方程，暂态稳定的研究中需要求解系统中每一个发电机的这个微分方程式。净转矩可看成是两个转矩——机械转矩和电磁转矩的合成，而其中每个转矩又有若干分量，可以

用不同的模型来模拟这两个转矩。例如，在简单模型中，通常认为暂态过程中的机械转矩为常数，而电磁转矩按某一电抗后电势为恒定值来计算。在较复杂的模型中，需要考虑原动机—发动机的控制系统。根据派克公式，发电机可用一组微分方程来描述，对不同的励磁调节系统，需用不同的方程来模拟发电机的电磁转矩，同样地，不同的原动机配置和转速调节系统，模拟机械转矩的方程也不同。因此，根据所取模型的复杂程度，每一个发电机组可以用 2 ~ 20 个一阶微分和代数方程来表示。电力网络模型将各台发电机及负荷通过端点的电压和电流联系起来，同时计算负荷模型以及网络的电流—电压关系，这样就可以完整地描述电力系统的行为了。综上，研究一个实际电力系统的暂态稳定时，一般需要求解数百到数千个微分方程和代数方程，其中很多又是非线性的，计算难度较大、耗时较长。因此，根据不同的研究任务，选取不同精度的模型，在达到研究目的的前提下尽可能节约计算的时间及费用，也是在暂态稳定计算中应该注意的问题。

（二）电力系统暂态稳定性的计算条件

电力系统暂态稳定性是指电力系统在给定的系统运行方式下，受到特定的扰动后能恢复到原来的（或接近原来的）运行方式或达到新的稳态，保持同步运行的能力。因此，系统的暂态稳定性及相应的暂态稳定极限与系统的运行方式及其受到的扰动密切相关。正因为如此，在实际的电力系统设计和运行时，必须规定研究和分析电力系统暂态稳定性对应的具体条件，不同特点的电力系统，不同的安全性和经济性要求，得出的暂态稳定分析的结论可能差别很大。例如，在电源密集、网络结构紧密的电力系统中，通常需要用较大的扰动（如三相短路）来校验暂态稳定性，这样得到的暂态稳定极限虽然较低，但却具有较强的故障承受能力，提高了电力系统运行的可靠性；而在一些电源不足、网络结构松散的电力系统中，可采用较小的扰动（如单相短路）来校验暂态稳定性，这将提高暂态稳定的极限功率，但是降低了系统运行的可靠性。

下面将分别说明暂态稳定性研究中需要考虑的几类计算条件。

1. 故障类型

故障类型可根据电力系统发生扰动时的稳定性标准、故障出现的概率情况分别选取单相接地、三相短路、两相对地短路等类型。在电力系统设计和运行时，为了估计网络结构的强度，也可选择无故障断开线路。不同的稳定要求，选择的故障类型不同。

（1）要求受到扰动后能保持稳定运行并能对负荷正常供电

对于这一类标准，可考虑以下故障形式：

①任一台发电机组（系统容量占比过大者除外）断开或失磁。

②系统中任一大负荷突然变化（如大负荷突然退出或受到冲击负荷）。

③核电厂输电线出口及已形成多回路网络结构的受端主干网发生三相短路不重合。

④主干线路各侧变电所同级电压的相邻线路发生单相永久性接地故障后重合不成功及无故障断开不重合（此时常引起负荷转移）。

⑤单回输电线在发生单相瞬时接地故障后重合成功。

⑥同级电压多回线和环网，在一回线发生单相永久接地故障后重合不成功及无故障断开不重合（考虑到对于水电厂的出线情况和切机措施在技术上的相对成熟，水电厂的直接送出线必要时可采用切机措施）。

（2）要求在扰动后保持稳定运行，但允许损失部分负荷

即可在自动或手动切除部分电源后相应地切除一部分用户负荷（如按电压降低或频率降低自动减负荷，或者自动断开或连锁切除集中负荷）。对于这一类标准，可考虑以下几种故障形式：

①占系统容量比重过大的发电机组断开或失磁。

②两个子系统间的单回联络线因故障断开或无故障断开，断开后各子系统分别保持稳定运行，而送端系统的频率升高不会引起发电机组过速保护的动作。

③同杆并架双回线的异名两相同时发生单相接地故障不重合，双回线同时断开。

④母线单相接地故障不重合。

⑤不同级电压的环网中，高一级电压线路发生单相永久性故障重合不成功，或无故障断开不重合（此时低压电网因过负荷将超过稳定极限）。

⑥单回线发生单相永久接地故障后重合闸成功，或无故障断开线路不重合。

在上述各种故障类型中并没有考虑最严重的三相短路，但实际运行资料的统计显示，因三相短路而引起的不稳定情况在总的稳定破坏事故中还是占有一定比例的。因此，对于这一类稳定标准，还应校核三相短路（不重合）时电力系统的暂态稳定情况（如果多相故障时实现三相重合闸，则还应校验重合于三相永久性短路故障时的稳定情况），并采取相应措施，防止电力系统失去稳定，甚至允许损失部分负荷。

各国的电力系统均根据自身情况，规定保证安全运行的最严重的故障类型以校验暂态稳定性。在一些工业电网联系紧密的发达国家和地区，较多采用按升压变压器出线端三相短路并开断一条线路等较严重故障来校验暂态稳定。

2. 故障切除时间

暂态稳定计算应规定故障切除时间，故障切除时间应包括断路器断开和继电保护动作的时间，为了满足暂态稳定要求，可根据需要采用快速继电器和快速断路器，此外，要求所有较低一级电压线路及母线的故障切除时间，必须满足高一级电网稳定的要求。

3. 电力系统接线及运行方式

在电力系统暂态稳定分析中，应根据计算分析的目的，针对电力系统实际可能出现的不利情况，选择合适的接线和运行方式进行稳定性校验。

（1）正常运行方式

正常运行方式包括正常检修运行方式，以及按照负荷曲线和季节变化出现的最大或最小负荷、最小开机、水电大发、火电大发等实际可能出现的运行方式。例如：

①校验一台大机组失磁或跳闸，应选受端系统负荷为最大，以及某一线路与实际可能的机组检修情况。

②校核重要联络线、长距离输电线、发电厂出线发生故障时的暂态稳定性，

应选择送端发电厂出力为最大时，电力系统负荷为实际可能的一系列方式，包括受端负荷最大，受端电压最低，送端机组发出无功功率；受端负荷小，受端电压高，送端机组可能要吸收无功功率；等等。

③不同电压的环网原则上应解环运行，特别是送端电源不应构成不同电压的环网向受端系统供电，这是因为环网中低压线路的传输功率远小于高压线路，所以一旦高压线路突然断开，将使环网中的大量低压线路过负荷或者超出稳定极限。

（2）事故后运行方式

事故后运行方式是指从电力系统事故消除后到恢复正常运行方式前所出现的短期稳定运行方式。对于特别重要的主干线路，除了必须进行静态稳定性校验外，还应校验其暂态稳定性，例如：

①针对只允许按静态稳定储备送电的情况，如按事故后运行方式校验不能保持暂态稳定时，应采取何种措施以避免大面积停电。

②两回并列运行的长距离输电线中，在一回故障跳闸使另一回线路功率增大的情况下，原有的稳定措施是否能保持稳定，是否采取措施限制在这段时间的输送功率，是否需要采取其他附加措施。

（3）严格的运行方式

一般情况下很少出现，通常是在最大运行方式时又遇到重要设备临时较长时间退出运行，例如设备检修，某大机组、主干线路的退出运行及某环网解环等。在对实际运行系统进行暂态稳定校验时应考虑这种方式，进行规划设计时也要注意校验。

在正常运行方式下，被检验的电力系统必须达到上述稳定性标准。对事故后运行方式和特殊运行方式，也应尽量争取达到较高的稳定水平，防止系统性事故发生。

（三）暂态稳定计算的准备

在进行暂态稳定计算前应做好以下准备。

（1）明确研究的目的和范围，确定在一个系统中的研究区域。

（2）进行电力系统运行条件的信息和数据准备，包括：发电机出力、负荷水平及负荷分配；网络结构及参数；所有设备（发电机、断路器、继电器、变压器等）及其参数；研究的内容，如故障类型、要满足的判据等。

（3）某些准备性的研究，例如，确定与所研究系统连接的合适的等值网络；进行必要的潮流计算，确定初始条件；在出现不对称故障时，应得到故障点的负序和零序网络。

（4）收集和编辑系统数据，例如，对于发电机需要的数据有惯性常数、各种电抗及时间常数、饱和数据等，还需要励磁系统和原动机调速系统的模型及常数等。

（5）根据程序要求的格式形成合适的数据表。

（6）进行一次试算，以校验数据及系统的正确性。

在选用程序时，首先要保证所选程序与已有计算机设备兼容，例如，语言版本、内存要求、输入/输出设备、可接受的数据格式等。此外，各种计算程序的处理数据、求解算法及输出格式等有所不同，研究人员应根据需要选用合适的程序。发电机模型，如全派克方程，简化模型（双轴、单轴、经典等），原动机模型，励磁机模型，负荷模型（恒定的阻抗、电流、视在功率以及专用模型），继电保护，提高稳定措施，最大可能处理的系统规模，如发电机、节点、线路数等，均会影响程序的性能。用户可根据这些程序的规格与性能选用自己需要的程序，如有些程序适合研究 3s 以内的暂态稳定过程，有些程序适合研究 10s 以内的暂态稳定过程。另外，关于计算结果的信息类型及其输出（或显示）也很重要，例如，发电机转子角、转速及机端量（电压）、线路潮流等结果一般是可以得到的，所有程序均能将结果以表格形式输出；大部分程序可以将其中一些信息以曲线形式输出，但各程序输出信息的数量及精细程度会有所不同；有一些程序还可以将输出信息记录在缩微胶卷上。

四、暂态能量函数法的描述

电力系统暂态稳定分析的时域求解法不能给出稳定度且计算速度较慢，所以人们一直在探索新的暂态稳定分析方法。从电力系统运行来看，也迫切希望找到一种能快速分析系统的暂态稳定度，并能对预想事故较早做出警告的安全分析方法。正因为如此，不是从时域角度去看稳定问题，而是从系统能量角度去看稳定问题的暂态能量函数法，很快得到了重视和迅速发展。

暂态能量函数法不计算整个系统的运动轨迹（即不需要进行积分计算）就可快速做出稳定判断，这个方法来源于力学的稳定问题。力学中指出，对于一个自由（无外力作用）的动态系统，若系统的总能量 V [$V(X)>0$，X 为系统状态量] 随时间变化恒为负，系统总能量会不断减少直至最终达到一个最小值（平衡状态），则此系统是稳定的。人们习惯用一个简单的滚球的例子来说明直接法的原理。如图 4-1 所示的滚球系统，设小球质量为 m，在系统无扰动时，球位于稳定平衡点 A 处。设小球在扰动结束时位于 C 处，此时小球高度为 h（以 A 点为参考点），并具有速度 v_0，则此时该小球总能量 V 为动能 $\frac{1}{2}mv_0^2$ 及势能力 mgh 之和，即：

$$V = \frac{1}{2}mv_0^2 + mgh > 0 \tag{4-1}$$

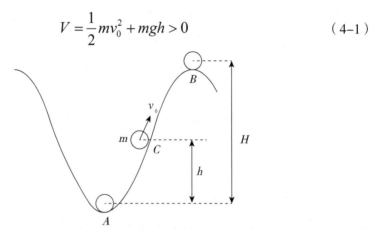

图 4-1　滚球系统稳定原理

考虑小球与容器壁因摩擦而使受到扰动后的系统能量逐步减少，设小球所在容器的壁高为 H（以 A 点为参考点），当小球位于 B 处且速度为零时，显然此位置为不稳定平衡点，系统相应的势能为 mgH，亦即系统的临界能量 V_{cr}：

$$V_{\mathrm{cr}} = mgH \tag{4-2}$$

忽略容器壁摩擦，在扰动结束时若小球总能量 V 小于临界能量 V_{cr}，则小球在摩擦力作用下，能量将逐步减少，最终静止于 A 处；若 $V>V_{cr}$，则小球最终将滚出容器而失去稳定；若 $V=V_{cr}$，则为系统暂态稳定的临界状态。由此可见，根据 $V_{cr}-V$ 就能简单快速地判别系统的稳定性。

将这个方法用于电力系统暂态稳定性的研究中，具体来讲，就是针对描述电力系统动态过程的微分方程的稳定平衡点，建立某种形式的李雅普诺夫函数（V 函数），并以系统运动过程中一个不稳定平衡点的 V 函数值（一般有多个不稳定平衡点）作为衡量该稳定平衡点附近稳定域大小的指标。这样，在进行电力系统动态过程计算时，就不必求出整个动态过程随时间变化的规律，而只是计算出系统最后一次操作时的状态变量（即故障切除后的变量），并相应计算出该时刻的 V 函数。将这一函数值与选定的不稳定平衡点的 V 函数值比较，如果前者小于后者，则系统是稳定的；反之，则系统是不稳定的。这种判别稳定的方法称为暂态能量函数（Transient Energy Function，TEF）法，这种方法从能量的观点来判别稳定性，而不是根据系统运动的轨迹来判别稳定性，避免了大量的数值计算，因此是一种可快速判断稳定性的分析方法。

几十年前，人们就开始将直接法用于电力系统暂态稳定分析的研究，随着计算机技术的快速发展和广泛应用，该方法得到了更多的应用。用直接法分析电力系统稳定性的优越性主要表现在：①能计及非线性，可用于较大系统；②能快速判断电力系统的稳定性，在故障切除时，就能判断出系统是否稳定，不需要计算故障切除后描述电力系统动态过程的微分方程组；③对于某一种故障，能直接估计其极限故障切除时间；④在某一故障切除后，电力系统若不稳定，则可以预先指出其不稳定的模式和不稳定的程度。因此，直接法可针对预想事故依据稳定度对事故严重性排序，以实现动态安全分析或做离线分析严重事故的"筛选"工具。但直接法也有缺点，例如，直接法的稳定准则是充分条件，而不是必要条件，因此分析结果偏于保守。此外，直接法的模型较简单，对于一个很大的系统，或是一个系统在受到一系列的连续扰动（如重合闸过程）时，直接法的速度、精度较差，故目前仅用于判别第一摇摆稳定性。

综合时域求解法和直接法的特点，可以将二者结合用于暂态稳定判断和分析，例如在离线分析时，可以先将直接法当作第一次的"筛选"工具，在简单模型下选出稳定度最差的事故，再用时域求解法做精细的暂态稳定分析，从而大大节省人力和时间；而在在线安全分析中，直接法可以使目前的静态安全分析发展为动态安全分析，即对系统暂态稳定的安全分析，从而有利于系统的安全运行，二者相辅相成可以更好地进行暂态稳定研究。

五、自动调节系统对功角暂态稳定的影响

随着现代电力系统中自动调节设备的增加，自动调节系统对电力系统中功角暂态稳定的影响也逐渐显现，成为关注的热点之一。

（一）自动励磁调节系统的影响

发电机励磁控制对于暂态稳定性有着重要的影响。由于励磁控制的经济性好，对于改善系统的暂态稳定和防止电压不稳都有重要作用，因此在提高系统暂态稳定的各种方法中常常优先选用。

影响励磁调节系统对暂态稳定的作用的因素较多，除了励磁控制系统本身的特性、参数外，还有其他诸如故障类型、系统自身阻尼的强弱、短路切除时间、故障后发电机端电压的变化及功角特性的改变等因素。按照励磁调节系统在暂态过程中的不同作用，可以分成以下五个阶段。

1. 第 I 阶段——短路发生到短路切除

该过程中电压调节器的输出会增大，励磁电压随之升高，增大的程度受短路点的远近及电压调节器的暂态增益的影响。当出现近端三相短路或远端短路，但电压调节器增益较大时，对于用晶闸管供电的励磁系统，励磁电压在 1 ~ 2 周内即可升到顶值，旋转励磁系统则在经过励磁机时间常数的时延后，励磁电压会逐渐升高。励磁电压升高后，再经过发电机转子绕组的时间常数的时延，发电机励磁电流及与其成正比的制动转矩才会逐渐增大，从而起到改善暂态稳定的作用。以短路切除时间为 0.1s 为例，常规的交流励磁机系统，其强励倍数一般为

1.8（顶值电压倍数为 4 左右），电压调节器使电动势的增长量只占无调节器时的 0.227%，即便是性能相当好的他励晶闸管系统（强励倍数为 1.8），上述比例也只有 2.84%。所以在这个阶段内，励磁电流很难有明显的增长。不但如此，如果是近端三相短路，发电机输出功率（相当于制动功率）接近于零（因为发电机与系统之间的等值阻抗为无穷大），上述励磁电流的微小增长对于驱动与制动转矩的不平衡影响甚小。虽然当短路切除时，微小增长的励磁电流对应稍高的定子电压，但其影响仍然是很小的。

2. 第 II 阶段——短路切除到转子摆到最大角度

这个阶段里转子角度会不断增大（因为驱动转矩大于制动转矩），强行励磁可以增大制动转矩（也就是同步转矩），同时强励的作用也大为增强（因为系统与发电机间的等值阻抗减少很多）。强励应该维持到转子达到最大角度，但是常规的电压调节器往往无法实现，此时会出现励磁控制对减小第一摆暂态稳定起效和不起效两种情况。当短路时间较长或输送功率较大（甚至临近暂稳极限）时，短路切除后发电机电压低于额定电压。如果此时调节器暂态增益足够大，则强励会持续作用到电压升高至额定电压。多数情况下，发电机电压在短路切除时已非常接近额定电压，因此电压会在短时间内升到额定值，届时强励也会退出。另外，因为电压增益不够大，在电压恢复到额定值以后，角度的加大，会使电压再次下降到额定值以下，此时电压调节器再次投入，但只要在功角达到最大值以前，强励的作用都有助于减小第一摆的摆幅。综上，励磁控制对于提高第一摆暂态稳定是有效果的，而高倍的强励倍数及电压增益、快速的响应或是较小的时间常数都为有效发挥强励作用提供了保证。还有一种情况是，如果强励倍数很高，短路切除也非常快（如小于 0.07s），则短路切除时的电压可能比额定电压高。这时励磁控制的作用是减磁，对暂态稳定来说，此时的励磁控制对于减小第一摆的摆幅基本不起作用。

3. 第 III 阶段——转子从最大角度回摆至最小角度

在功角最大处，转子角度减小（制动转矩大于驱动转矩），这时励磁控制应使励磁电流及制动转矩减小（亦即提供负的同步转矩），因此最好是强行减磁，励磁电压为负值。同时也要避免由于励磁持续作用造成的第二摆（或后续摆动中）不同步（过分制动造成的反向摆幅大）。

4. 第Ⅳ阶段——转子进入衰减振荡的过程

在前面三个阶段内，励磁控制的主要作用是提供与角度成正比的同步转矩，提高电动势以增加第一摆的减速面积，防止发电机在第一摆中失去同步，这对维持稳定性非常重要，但可能会引入负阻尼。因此，当发电机挺过第一摆后，转子进入衰减振荡阶段，励磁控制的目标变为提供足够的阻尼以平息振荡。因为负阻尼引起的失步要经过数个振荡周期，所以在这个阶段，只要正阻尼转矩足够大，就可以抵消前面三个阶段产生的负阻尼，让转子摆动逐渐衰减。

5. 第Ⅴ阶段——进入事故后静态稳定状态

较高的静态稳定功率及功角极限是系统能顺利过渡到另一个稳定运行状态的必要条件。因此，在此阶段，励磁控制应与稳定器配合，并采用较大的增益。同时应注意事故后的稳定状态不一定适合长期运行。不过此阶段或过渡过程有助于为调度人员争取足够的时间去调整负荷及线路潮流，以恢复适合长期运行的正常状态。

（二）考虑励磁调节作用的暂态稳定分析

1. 高速励磁控制

暂态扰动时，发电机磁场电压的增加将使发电机内电势增加，进而增加同步功率，因此，通过快速地暂时增加发电机励磁，暂态稳定性可以得到较大提高。在输电系统故障并通过隔离故障元件而将故障清除的暂态扰动中，发电机的端电压很低。自动电压调节器通过增加发电机磁场电压对此做出响应，这对暂态稳定会产生有利的影响。此类控制的有效性取决于励磁系统快速将磁场电压增加到可能的最高值的能力，在这方面，具有高顶值电压的高起始响应励磁系统最为有效。然而，顶值电压受发电机转子绝缘方面的限制。

为改善暂态稳定性，要求励磁系统对端电压变化做出快速响应，但这种快速响应常常会减弱地区电厂振荡模式的阻尼。通常作为电力系统稳定器（PSS

的附加励磁控制，为阻尼系统振荡提供便利，它使高起始响应的励磁系统的应用成为可能。采用附加 PSS 的高起始响应的励磁系统是增强全系统稳定性的最有效和最经济的方法。

2. 暂态稳定励磁控制

可适当地应用电力系统稳定器对本地和区域间的振荡模式提供阻尼。在暂态条件下，稳定器一般对首摆稳定性起积极的作用。然而，在本地和区域间的均存在摇摆模式时，正常的稳定器响应可允许励磁在第一次本地模式的摇摆峰值过后，最高的综合摇摆峰值到达之前减少。使励磁保持在顶值，将端电压约束在一定范围内，直至摇摆达到最高点，能最大限度地提高暂态稳定性。暂态稳定励磁控制（Transient Stability Excitation Control，TSEC）的方案可以实现上述功能。该方案通过控制发电机励磁，使端电压在整个转子角正向摇摆期，从而改善了暂态稳定性。该方案除了应用端电压和转子速度信号外，还用了与发电机转子角的变化成正比的信号。然而，角度信号的应用仅限于严重扰动后大约 2s 内的暂态过程，因为连续应用，会造成不稳定振荡。角度信号可防止磁场电压过早反向，从而使端电压在转子角的正向摇摆期维持高水平，所以过高的端电压由端电压限制器来防止。

当发电机组呈现出区域间的低频摇摆状态时，不连续励磁控制是改善其暂态稳定性的较为有效的方法。当在某一区域的几个发电厂中采用 TSEC 时，该区的系统电压水平都提高了，这使区内与电压相关的负荷消耗功率增加，从而进一步提高了暂态稳定性。

与提高系统稳定性的其他方法，例如与快速操作阀门和切机相比，TSEC 仅在汽轮发电机轴和蒸汽供给系统上施加了很小的负载。这种励磁控制方案必须与其他过电压保护和控制功能进行协调，也必须与变压器的差动保护进行协调，以确保差动保护不会因电压水平的提高造成的励磁电流增加而动作。上述用于暂时增加励磁的不连续控制，利用就地信号以检测严重的系统扰动状况。某些应用中，可能需要利用远方遥测信号启动暂时增加励磁。

（三）自动调速系统的作用

当一台发电机只对一个负荷供电或在多机系统中仅有一台发电机需要对负荷变化做出响应时，同步调速器的工作性能是令人满意的。当连接到系统的多台发电机作负荷功率分配时，就必须提供转差调节或斜率特性。

同步调速器应用于两台或两台以上机组与同一系统相连的情况，这是由于每台发电机组必须确切地具有同一速度设定值；否则，维修站会互相冲突，每台机组都想把系统频率控制在自己的设置值。为了在两台或更多并列运行的机组间稳定地分担负荷，调速器应具有负荷增加时速度下降的特性。

速度下降或调节特性可用增加一个状态反馈环节的方式来实现。

例如，5％的下降率或调速意味着5％频率偏差导致阀门位置或功率输出的100％变化。如果两台或两台以上的带下降特性调速器的发电机组连接到同一电力系统上，必然有唯一的频率，而这个频率决定了它们所分担的负荷。

第二节　电力系统电压稳定

电压控制和稳定问题对电力工业而言并非新的概念，在高度发达的现代大规模电网中，电压问题是人们最关心的，也是最基本的稳定问题之一。从系统稳定的角度来说，电压稳定性就是系统维持状态变量即节点电压在合理数值范围内的能力。这种能力实质上是系统维持或恢复负荷需求和负荷供给之间平衡的能力。如果电力系统中某些节点的电压超出了合理的范围且失去了控制，则一旦受到扰动，节点电压将严重偏离正常工作点，进一步引起电力系统中其他的状态变量出现异常，严重时甚至可能导致整个系统失去稳定。

根据电力系统遭受扰动大小所表现出的电压稳定特点，IEEE/CIGRE 将电压稳定分为小扰动电压稳定（静态电压稳定）和大扰动电压稳定（暂态电压稳定）两大类。另外，按电力系统稳定性的一般分析方法，电力系统电压稳定问题也是从平衡点和扰动两个方面来进行分析。

一、电力系统电压稳定性的基本概念

（一）电压稳定性的定义

电压稳定性是系统维持电压的能力，如果系统在负荷导纳增加时，负荷消耗的功率也增加，则系统是电压稳定的。如果系统受到任何扰动之后，都能够达到一个平衡状态，负荷邻近节点的电压能够恢复到或接近于扰动前的值，就认为系统是电压稳定的。

电压崩溃是指由于电压不稳定所导致的系统内大面积、大幅度的电压下降过程。当出现扰动使电压急剧下降，并且运行人员和自动系统的控制已无法终止这种电压衰落时，系统就会进入电压不稳定的状态，这种电压的衰落可能只需几秒，也可能长达几分钟、几十分钟。如果抑制不住电压下降，最终就会发生电压崩溃。

应特别注意电压稳定性、频率稳定性和角度稳定性在电力系统中的耦合问题。比如，在电压失稳的场合，经常会发生频率不稳定和角度不稳定在一起出现的情况。所以，三种稳定性问题在电力系统中是相互关联的，只是诱发系统崩溃的主因不同。在分析电压稳定时，也不能忽略其他稳定性的因素。不同的稳定性具有不同的特点，所受影响也有所不同。

从扰动的大小分析，可将电压稳定性问题分为小干扰电压稳定和大干扰电压稳定。小干扰电压稳定着眼于小干扰（如负荷的缓慢增长）后系统维持电压的能力，可以用静态分析方法进行研究。大干扰电压稳定研究的是大干扰（如系统事故）后系统维持电压的能力，可以用包括各类元件动态模型的非线性时域仿真方法研究。

根据研究的方法，可将电压稳定问题分为静态电压失稳、动态电压失稳和暂态电压失稳。

静态电压失稳是指负荷的缓慢增长导致电压水平逐渐降低，在达到系统能承受的临界负荷水平时导致的电压失稳。可以用静态模型进行表征和分析。

动态电压失稳是指系统发生事故后，尽管采取了一些控制措施，但是由于系统的结构变得脆弱或全系统（或局部）支持负荷的能力变弱，缓慢的恢复过程中发生的电压失稳。由于系统在失去稳定前就已经处于动态，发电机、控制设备、负荷的动态行为都会对动态电压失稳产生影响，因此在整个时域过程中必须用动态模型进行分析。

暂态电压失稳是指系统发生事故或其他大的扰动后，在系统处理事故的过程中某些负荷母线电压发生不可逆转的突然下降的失稳。特指一个非常短暂的动态过程。

从电压稳定的时间上划分，还可以将电压稳定分为暂态电压稳定、中期电压稳定和长期电压稳定。

（二）电压失稳物理现象与机理分析

1. 电压失稳的物理现象

过去几十年中，世界上不同的电力系统所报告的电压不稳定事故有许多起。瑞典、法国、日本、巴西、美国等都发生过电压不稳定（崩溃）事故。下文列举了部分电压崩溃事故。从这些典型的电压不稳定（崩溃）事故中，可以对电压崩溃产生原因、发展过程、结果等有一个大致的了解。

（1）1978年12月19日，法国

在早晨7∶00～8∶00负荷骤增。8∶00以后电压开始下降。8∶20东部400kV输电系统的电压降至342～374kV。当一条重要的400kV线路由于过载开断后，系统线路于8∶26开始解列，系统崩溃。

（2）1982年，美国

9月2日、11月26日、12月28日及12月30日4次扰动情况相似，均由佛罗里达州中部或南部的一台大型发电机组跳闸引起。由于系统输入功率的骤减，在1～3min内系统电压持续降低，最终发生系统解列。

（3）1983年12月27日，瑞典

斯德哥尔摩西部一座变电站断路器发生故障，导致变电站失压及2回400kV线路一起跳开。随后，一条220kV线路因过载而断开。由于带负荷调压变压器的负调压作用进一步降低了系统的电压水平，大约在故障发生50s之后，又有一条400kV线路跳开。接着发生电网解列。

（4）1986年11月30日，巴西

起因是HVDC系统中一些交流线路的开断，直流逆变站的交流电压降低到了0.85PU，并且持续数秒，造成多次换相失败。最后整个直流系统停运，交流系统解列。

2.电压失稳的时间框架

从发生的电压失稳事件中可知，电压失稳的起因不同，发生的时间也不同，失稳事件涉及许多系统元件及其变量。

电压失稳的时间为几秒至几十分钟或更长时间。根据电压稳定时间，从电压失稳时间上来区分，可分为：

（1）暂态电压稳定性

时间为0~10s，暂态电压稳定性分析主要是要考虑"快"变量的作用，即研究快速响应的控制设备，如HVDC、SVC、发电机励磁动态、感应电动机等引起的电压失稳现象。特别是大的扰动，当短路事故后发生大幅度电压下降时，感应电动机的无功需求将进一步增大，容易造成电压崩溃。

（2）中期电压稳定性

也称为暂态后时间框架，时间从几十秒至数分钟。与暂态电压稳定性相比，在中期电压稳定性时间范围内，对于电压稳定性的分析涉及许多元件"慢"变量的作用，也就是说，需要考虑元件的"慢"动态特性，即慢速作用的控制设备，如OLTC、电压调节器、发电机最大励磁限制器、AGC等的作用。通常情况下，进行时域仿真是必要的。

（3）长期电压稳定性

时间达数十分钟，如过负荷引起等。实际上，第（2）和第（3）项这两项经常被统称为中长期电压稳定性。尽管电压失稳能够按时间分类，但不能将它们绝对地割裂开来。例如，一个数分钟的缓慢的电压崩溃事件最终可能发生在属于暂态电压稳定性的快速的电压崩溃，即中长期动态引起的暂态电压失稳。

3. 电压失稳机理分析

由以上分析可知，引起电压崩溃的原因有很多，事故从开始到系统崩溃所用的时间也不同。有些情况下，几种原因交织在一起，这就加大了分析的困难。起因有多种，最根本的是系统无法满足无功需求的问题。总之，电压崩溃是一个非常复杂的过程。一般来说，引起电压崩溃的原因可以概括为（但不限于）以下几点。

（1）无功储备不足

当一个系统在紧急事故之后突然无功需求增加时，如果系统有充足的无功储备，系统电压可调整到稳定的电压水平；而在系统无功储备不足时，就可能导致电压不稳定问题。

（2）连锁故障

继电保护动作，跳开重负荷线路，负荷转移到其余邻近的线路，使其他线路传输功率激增，可能使该线路过载、无功损耗急速增加、电压降低，引起线路级联跳闸。一般来说，系统的连锁故障是导致崩溃的重要原因之一。

（3）系统重载（过载）运行

系统负荷过重，且长时间的连续过负荷运行。无功储备不足，不能维持系统正常的电压水平而导致系统电压水平持续下降，最终电压崩溃。

（4）变压器负调压作用

负荷中心超高压和高压网电压的降落将反过来影响配电系统，使其二次侧电压降低。在系统无功不足、负荷侧低电压的情况下，有载调压变压器动作，力图恢复二次侧配电电压。然而，这将导致负荷的无功需求的增加，致使一次系统无功缺额进一步加大、电压进一步跌落，最终引起电压崩溃。这称为有载调压变压器的负调压作用。

（5）过励限制器动作机理

当系统出现大的扰动，如事故后，从系统无功需求或稳定需求，系统中的一些发电机励磁可能从额定状态转到强励状态，以增加无功输出来维持系统的电压水平。但是，在强励持续一段时间后，为了保护励磁绕组不过热，发电机过励限制器动作，其励磁电流将被强制恢复到额定值。这样，会突然加重系统无功不足的情况，使电压下降更加显著，最终导致电压崩溃。这就要求系统要有充足的无功储备。

（6）失去重要电源支撑

负荷中心大型发电机组的事故跳闸，引起系统电压降低。如果采取的控制措施不及时，会最终导致电压崩溃。

（7）弱连接交直流系统

换流站的无功需求非常大（可以达到传输功率的50%左右）。在弱连接的交直流系统中，交流系统无功不足或换流站无功补偿不能满足要求，或交流侧发生较严重事故引起电压降低，都会引起换流站交流电压降低，易发生换相失败事故，导致直流系统停运，交直流系统解列。

综上所述，电压失稳机理一般包括（但不限于）：负荷持续增加，系统运行备用（特别是无功）紧张，传输线潮流接近最大功率极限。大的突然扰动，如失去发电机组、输电线相继跳闸连锁故障等。系统长时间重载（过载）运行。有载调压变压器负调压作用。发电机过励限制器动作机理。失去重要电源支撑，继电保护、低频减载等缺乏协调。弱连接的交直流系统。

电压崩溃通常显示为慢的电压衰减，这是许多电压控制设备和保护系统作用及其相互作用积累过程的结果。在许多情况下，电压不稳定、频率不稳定和角度不稳定是相互耦合的。

二、分岔理论

（一）分岔概念

分岔是系统状态的一种质的变化，如平衡的消失或稳定状态从平衡变化到振荡。在任何系统中，如果某些参数连续变化，就可能使系统达到一个临界状态。之后，系统将出现从一个状态到另一个状态的突变。例如，考虑一个二次方程式：$-x^2 - p = 0$。变量 x 代表系统状态，p 代表系统参数。当 p 为负时，系统有两个平衡解：$x_1 = -(-p)^{1/2}, x_2 = (-p)^{1/2}$。当 p 逐渐变化至 $p = 0$ 时，两个平衡解重合：$x_1 = x_2 = 0$。如果 p 继续变化至 $p > 0$ 时，平衡解消失，即系统无解。这时就称为分岔发生在 $p = 0$ 处。

在电力系统稳定分析领域，电压崩溃是一种系统的不稳定现象且是与分岔相联系的。当发生电压崩溃时，也正是系统从一个状态到另一个状态的转变。分岔分析要求系统模型能够由方程来表示，且方程含有两种类型的变量：状态变量和参数变量。状态变量包括发电机功角、母线电压幅值和幅角、发电机励磁电流等。参数变量是具有缓慢变化并改变系统方程的特征的变量，如母线的有功注入功率等。系统的状态变量和参数变量都是矢量。从几何意义而言，状态矢量是状态空间中的一点，而参数矢量是参数空间中的一点。如果系统具有 n 个状态变量和 m 个参数变量，则状态空间为 n 维，参数空间为 m 维。

电力系统中存在着不同类型的分岔现象，如鞍结分岔、极限诱导分岔等。

（二）鞍结分岔

1. 静态例

电力系统中，一个主要的分岔类型就是鞍结分岔（Saddle Node Bifurcation，SNB）。至今，鞍结分岔已经被广泛地分析和研究。为方便起见，考虑一个简单的电力系统。系统具有一个 PV 类型发电机，一条输电线，一个具有常功率因数 k 的 PQ 类型负荷。

我们选择有功功率 P 为一个缓慢变化的参数，它代表了系统负荷。k 为功率因数，此处设为常数。系统的状态变量为负荷节点电压和相角，$x = (V, \delta)$。图 4-2 显示了节点电压幅值随有功负荷 P 的变化情况。

设点 O 为初始运行点，横坐标为负荷，纵坐标为电压。在低水平的负荷条件下，对应一个负荷值，系统有两个平衡解：一个为高电压解，另一个为低电压解。高电压解对应着低传输电流，低电压解对应着高传输电流。当负荷逐渐增加时，一般来说，负荷节点的电压会逐渐降低。同时，两个平衡解会逐渐靠近并最

终在 *SNB* 处重合。如果负荷进一步增加，系统将没有平衡解，即平衡点在 *SNB* 处消失。点 *SNB* 即鞍结分岔，系统发生电压崩溃。从初始运行点 *O* 到电压崩溃点（*SNB*）的距离称为负荷裕度。负荷裕度目前被认为是最有效的电压稳定评估指标，它反映了系统对负荷的承受能力。

图 4-2 中曲线称为 PV 曲线或鼻端曲线。由以上分析得出：曲线的上半部为稳定运行区域，下半部为不稳定运行区域。高电压解为稳定的平衡点，低电压解为不稳定的平衡点。

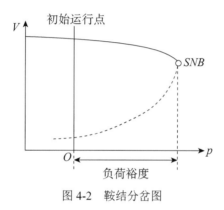

图 4-2　鞍结分岔图

2. 鞍结分岔的特征

考虑一下平衡点处系统的雅可比矩阵。需要注意的是，系统动态雅可比矩阵不同于静态雅可比矩阵。但是，系统静态模型及其静态雅可比矩阵对于某些鞍结分岔计算是足够的。如果系统雅可比是渐进稳定的，其全部的特征值具有负的实部。当系统负荷增长至分岔处时，系统雅可比矩阵出现一个零特征值。当负荷增长超出临界值（分岔）处时，系统雅可比就无任何意义了。鞍结分岔，有一些非常有意义的特征。在鞍结分岔处的一些特征能够用来判断系统的鞍结分岔现象：两个平衡解重合。状态变量（电压）对于负荷参数的灵敏度无穷大。雅可比矩阵奇异。雅可比矩阵有一个零特征值。雅可比矩阵有一个零奇异值。分岔处崩溃动态是状态变量先慢后快。

3. 参数空间

在状态空间中，电压崩溃现象中状态变量的参与是能够被计算出的。这将为系统运行人员提供关于分岔的有用信息。

（三）极限诱导分岔

系统中发电机的无功极限或其他无功源的极限会对电压崩溃产生非常大的影响。一般来说，这些极限的到达会使系统方程产生非平滑的改变。某些情况下，这些极限的影响是使系统的某些状态变量变为常数，而另一些常数则成为变量。某种情况下，这些极限的到达会诱使系统中发生另一种电压崩溃现象——极限诱导分岔。

极限诱导分岔：随着负荷的增加，系统的电压水平一般会逐渐降低。这时，系统中的发电机会逐渐增加无功出力。因此，某些发电机会到达其无功极限，就意味着这些发电机不再具有电压调节能力，即不能维持机端电压的恒定。这些极限点称为无功/电压约束转换点。在无功/电压约束转换点处，潮流方程也会发生变化。当系统中某台发电机到达无功极限时，如果系统的运行点位于该发电机PV曲线下半部的不稳定区，则系统会突然发生电压崩溃。而这时的系统电压水平并不一定会降到不可接受的程度，称为瞬时不稳定或极限诱导分岔。

三、电力系统静态电压稳定性

（一）概述

电压稳定问题的研究就是从电力系统的实际抽象到反映这种客观现象的数学模型，再从其数学模型反映的数学特征回到实际问题并加以解释。因此，数学模型的建立是电压稳定分析的基础。

电力系统是一个复杂的非线性动力学系统，它的动态行为可以由一个非线性微分—差分—代数方程组（DDAE）来精确描述。其中，微分方程组体现电力系统中动态元件的动力学行为，代数方程组反映电力系统中动态元件之间的相互作用及网络的拓扑约束，而差分方程组则反映系统中元件的离散行为（如电容器/电抗器的投切、有载调压变压器的档位调节等）。这样，无论是来自动态元件部分的扰动还是来自网络部分的扰动，所破坏的平衡均是动态元件的物理平衡。电力系统的动力学行为仅受其动态元件的动力学行为及相互关系的制约。

所有电压稳定及相关问题的研究都是围绕电力系统的 DDAE 的基本性质展开的。但是，为了方便分析问题，研究者根据研究的侧重点做了不同程度的简化。由于问题的侧重点不同，分析的方法也不相同。

电压稳定性的静态分析是捕捉系统状态的变化在时域中的一个断面。在数学上，可以设定微分—代数方程组的状态变量的微分等于零，从而使描述系统的方程组转化为纯代数方程组。这样就可以用各种静态分析方法来研究（静态）电压稳定性。

静态问题需要系统的静态模型，由于其只与代数方程组有关，比动态研究更有效率。一般来说，静态电压稳定研究应能回答以下问题：系统对崩溃的接近程度，即离不稳定还有多远或系统的稳定裕度有多大？当系统发生不稳定时，主要机理是什么？电压弱区域、弱节点有哪些？哪些发电机、支路是关键的？如果要采取措施防止电压不稳定，在哪儿？采取什么措施最有效？等等。

（二）静态电压稳定性指标

迄今为止，已经有多种静态电压稳定性评估指标被开发出来用于对电压稳定性的评估，如奇异值指标、特征值指标、电压不稳定接近（VIPI）指标、负荷裕度指标、能量函数指标、局部指标等。

奇异值指标和特征值指标是基于鞍结分岔处潮流雅可比矩阵有一个零奇异值和一个零特征值的特性来求取雅可比矩阵的最小奇异值或最小特征值，从而判断系统所处的运行点与鞍结分岔类型的电压崩溃点的距离。基于电力系统潮流的多解特性的 VIPI 指标的思路是：电力系统潮流通常具有多解特性，其中的一个解对应着系统的"可运行"点。潮流解的数目随着运行点接近电压崩溃点而减少。最终，在崩溃点处仅仅存在一对解并且相互重合。VIPI 指标就是用这对解来预测与电压崩溃的接近度。负荷裕度指标是求取系统运行点距电压崩溃点的距离，是对系统的最大负荷承受能力的计算。能量函数指标是建立在李雅普诺夫稳定理论基础上的，借助李雅普诺夫函数在电压崩溃点处变为零这一特性来判断系统的电压稳定性。局部指标的原理是利用等效方法进行局部电压稳定性分析。

1. 奇异值指标

当系统运行到负荷极限时，潮流雅可比矩阵奇异，且有一个零奇异值。因此，潮流雅可比矩阵的奇异度可以作为电压稳定性指标，即用潮流雅可比矩阵的最小奇异值作为电压稳定性指标，它可以表示当前运行点和静态电压稳定极限之间的距离。崩溃点处，最小奇异值变为零。

考虑一个电力系统，设节点总数为 n，m 为 PV 节点数，一个平衡节点。在正常运行情况下，电力系统潮流方程为：

$$\begin{bmatrix} \Delta P \\ \Delta Q \end{bmatrix} = J \begin{bmatrix} \Delta \theta \\ \Delta V \end{bmatrix} \tag{4-3}$$

式中，J 为雅可比矩阵。对矩阵 $J \in R^{m \times n}$ 进行奇异分解，可得：

$$J = R \Sigma S^T = \sum_{i=1}^{2n} r_i \sigma_i S_i^T \tag{4-4}$$

式中，Σ 是对角元为正的奇异值 σ_i 的对角矩阵，矩阵 R 和 S 为单位正交阵，它们的列向量分别称为矩阵 J 的左、右奇异向量；r_i 和 S_i 分别是矩阵 R 和 S 的第 i 个列向量。对于所有的 i，$\sigma_i \geqslant 0$，且 $\sigma_1 \geqslant \sigma_2 \geqslant \sigma_3 \geqslant \cdots \geqslant \sigma_{2n-m}$。

如果矩阵 J 非奇异，则：

$$\begin{bmatrix} \Delta \theta \\ \Delta V \end{bmatrix} = J^{-1} \begin{bmatrix} \Delta P \\ \Delta Q \end{bmatrix} = \sum_{i=1}^{2n-m} r_i \sigma_i^{-1} s_i^T \begin{bmatrix} \Delta P \\ \Delta Q \end{bmatrix} \tag{4-5}$$

当接近鞍结电压崩溃点时，一个奇异值几乎为零，系统响应主要由最小奇异值 σ_{2n-m} 和它对应的左、右奇异向量 r_{2n-m} 和 S_{2n-m} 决定。因此有：

$$\begin{bmatrix} \Delta \theta \\ \Delta V \end{bmatrix} = \sigma_{2n-m}^{-1} r_{2n-m} s_{2n-m}^T \begin{bmatrix} \Delta P \\ \Delta Q \end{bmatrix} \tag{4-6}$$

由式（4-6）可知，与最小奇异值关联的左、右奇异向量包含了以下重要的信息：

（1）右奇异向量中的最大元素指示最灵敏的电压幅值调节节点（关键节点）。

（2）左奇异向量中的最大元素指示功率注入的最灵敏节点（关键发电机）。

这样，就可以通过雅可比矩阵左、右奇异向量的指示确定对系统电压稳定影响较大的节点；同时也说明，在这些节点处加无功或功率调节等控制措施对系统的电压稳定控制最灵敏。

与奇异值指标相似，雅可比矩阵的特征值的模值也反映了电压稳定性的相对量度。同时，与最小特征值相关的左、右特征向量具有以下特性：

（1）右特征向量中的最大元素指示最灵敏的电压幅值调节节点（关键节点）。

（2）左特征向量中的最大元素指示功率注入的最灵敏节点（关键发电机）。

奇异值和特征值指标都是具有非线性特征的指标。通常，在临界点处，奇异值和特征值突然会出现非常陡的下降过程，而在之前的其他时刻，它们的变化都比较平缓，因此，它们对电压崩溃的预测性比较差。

2. 负荷裕度指标

负荷裕度是从系统给定的运行点出发，按照某种负荷和发电功率增长模式，系统逐步逼近电压崩溃点，系统当前的运行点至电压崩溃点的距离称为系统的负荷裕度。它被认为是目前最有效的电压稳定评估指标之一。

（1）负荷裕度指标的优点

①负荷裕度非常直观，易于理解。

②负荷裕度不依赖于特别的系统模型，它仅仅需要一个静态模型。尽管它能够用于动态模型，但并不依赖动态细节尤其不需要负荷动态，这一点非常有用。

③负荷裕度是一个精确的指标，它能够考虑系统的非线性及诸如当负荷增加时达到无功约束等限制条件。

④一旦得到负荷裕度，将可以非常容易地计算负荷裕度对任何系统参数或控制的灵敏度。

⑤负荷裕度考虑了负荷增长模式，如后所述，这同时也是其缺点。

（2）负荷裕度指标的缺点

①负荷裕度需要计算运行点至崩溃点的距离，所以，它的计算量比那些仅仅需要计算运行点处信息的指标要大。

②负荷裕度需要指定负荷增长模式。有时这些信息并不一定合理。

有两种方法可以减轻负荷裕度对于负荷增长模式的依赖：一种是通过计算负荷裕度对于负荷增长模式的灵敏度来处理不同的负荷增长模式；另一种是通过相应计算来得到最严重运行方式下的负荷裕度的最小值。

四、电力系统动态电压稳定性

（一）概 述

电力系统电压崩溃现象尽管可以在某些前提下采用静态方法来进行分析，并且能够回答以下问题：系统对崩溃的接近程度，或系统的稳定裕度有多大？当系统发生不稳定时，主要机理是什么？电压弱节点有哪些？哪些发电机、节点、支路是关键的？如果要采取措施防止电压不稳定，在哪儿？采取什么措施最有效？等等。

电压稳定从本质上说是一个动态问题。电压失稳的发展演变过程是一个动态过程，随着研究的深入，人们逐渐认识到负荷的动态特性、系统元件的动态特性、系统的结构、参数、运行工况以及控制系统等都会影响电压稳定性，开始重视电压崩溃现象的动态机理分析和对仿真模型的要求。系统中诸多元件的动态特性，如发电机及其控制系统、负荷动态、有载调压变压器动态、无功补偿设备动态、HVDC动态、继电保护动态等，都对电压稳定性有着重要的作用。只有在进行动态分析的情况下，这些动态因素对系统电压稳定性的影响才能够体现出来。这对于深入了解电压稳定性的本质和电压崩溃的机理有着重要的作用。

有些学者将电力系统动态电压稳定研究分为小干扰分析方法和大干扰分析方法。

所谓的小干扰分析方法，是把描述电力系统的动态行为的DDAE在平衡点附近作线性化，通过状态方程的特征矩阵的特征值来判断运行点的稳定性。它可以考虑发电机及励磁系统、负荷及ULTC的动态等，较好地分析它们对稳定的影响。但是，由于电力系统中影响其动态行为的组件很多，响应速度不同的组件对电压稳定的影响也不相同，难以用运行点处的特征矩阵完整描述。因而，一般忽略影响较小的因素，突出主要的相关组件来加以考虑。但具体简化时，哪些因素应该考虑、哪些因素可以忽略难以确定。此外，由于负荷的随机性、分散性及多样性，严格统一的负荷动态难以确立。所以，至今对小干扰分析方法的研究尚不充分。

所谓的大干扰分析方法，是在电力系统受到大的扰动如故障等情况下，对电压稳定性的研究。比较典型的有时域仿真法。它是从 DDAE 出发，在保留系统的非线性特征和组件动态特性的情况下，采用数值积分的方法，得到电压以及其他量随时间变化的曲线的一种方法。

（二）电压失稳时间框架分析

电压失稳分为暂态时间框架和中长期时间框架。根据元件的动态响应特性，与失稳相关的变量分为快变量和慢变量。由于电压失稳的形式和原因是多种多样的，下面就在一个大的扰动后对系统失稳的可能响应行为进行分析。

1. 暂态期

扰动后，慢变量未及响应，可考虑为常量。系统可能的三种失稳机理如下。

T1：快动态地失去平衡，如 HVDC。

T2：系统缺乏快动态向扰动后平衡状态过渡的能力，如短路故障后，失速的感应电动机由于故障切除时间过长而未能再加速而失稳导致电压崩溃。

T3：扰动后系统平衡处于不稳定的摇摆。

2. 长期时间过程

（1）快动态稳定，长动态（指时间）失稳

扰动后，在系统经历了暂态后，慢变量开始作用［对于快动态（快速变化的变量）而言，这些慢变量可看作是缓慢变化的］。假设快动态是稳定的，则长动态可能以以下三种方式变得不稳定。

LT1：失去平衡（如 ULTC 动态引起）。

LT2：缺乏向稳定平衡过渡能力。如故障后，校正措施不能使系统趋于稳定。

LT3：系统慢慢地过渡到振荡状态。

以上这些情况称为"长期电压稳定性"。国际上发生的主要的电压事故都是这种类型。

（2）慢变量变化导致失稳

慢变量变化导致快动态变得不稳定（最终失稳是由快变量产生的），系统可能经历以下三种过程。

T–LT1：长动态引起的暂态的平衡点的消失。

T–LT2：当暂态过程近似于 T–LT1（即系统即将暂态失稳）时，系统具有的能将系统维持在稳定的暂态平衡点的"域"的减小。

T–LT3：长动态引起的暂态的振荡失稳。

（三）系统动态模型及时域仿真

1. 系统模型

电力系统是非线性动力学系统，需要用 DDAE 模型，即微分—差分—代数方程组来进行建模和分析。

在进行电力系统动态电压分析时，会涉及与元件动态相关的微分方程：

$$\dot{x} = f(x, y, z, p) \tag{4-7}$$

式中，x 为状态变量构成的矢量，如控制状态变量；y 为母线电压矢量；z 为离散状态矢量；p 为参数矢量。电压稳定分析可以分为暂态期和中长期分析。在暂态期，该微分方程反映的是发电机及其调节器、感应电动机、HVDC 和 SVC 等快速反映元件的"快"动态特性。在中长期反映的则是如负荷的自恢复动态、ULTC 调节、二次电压控制、AGC、并联元件的投切等"慢"动态特性。

反映网络拓扑及功率传输关系的代数方程为：

$$0 = g(x, y, z, p) \tag{4-8}$$

表示离散变量作用的差分方程为：

$$z_{k+1} = h(x, y, z_k, p) \tag{4-9}$$

该方程反映了中长期动态中 ULTC 的调节、并联元件投切的离散变量特性。

式（4-7）至式（4-9）构成了电力系统动态过程的一般模型，不仅适用于机电暂态过程，也适用于中长期动态过程。

2. 电压稳定动态分析的时域仿真

电力系统的运行始终处于一种动态平衡中，时时承受着诸多扰动（如短路、切机、切负荷等）。这些大大小小的扰动会涉及很多种设备的动态，所以电力系统的动态过程非常复杂。尽管多年来提出了不少的方法，但是，基于 DDAE 模型的数值积分方法仍然是目前最可靠的方法，也就是应用时域仿真分析方法。

所谓的时域仿真，主要目的就是在系统经历大的扰动后，分析系统的稳定情况，它是电压稳定动态分析的基本方法。它根据系统模型，以扰动前的潮流解为初值，求解扰动后的数值解，从而逐步求得系统状态量和代数量随时间的变化曲线，并据此判断系统的电压稳定情况。

暂态电压稳定时域仿真使用式（4–7）和式（4–8），可将 z、P 处理成常量；中长期电压稳定时域仿真可以直接使用式（4–7）至式（4–9）。

实际的电力系统的微分方程一般可表达为一阶的常微分方程组：

$$\frac{\mathrm{d}y}{\mathrm{d}t} = f(y,t) \qquad (4\text{--}10)$$

设初值为 $y\big|_{t=t_0} = y(t_0)$，若取计算步长为 $h = t_n - t_{n-1}$，则：

$$y(t_1) = y(t_0) + \int_{t_0}^{t_1} f(y,t)\mathrm{d}t \qquad (4\text{--}11)$$

实际计算时，对积分项作不同的近似计算形成了不同的数值解法。例如，取 $y_1 \approx y_0 + f(y_0, t_0)h$，即认为 $[y_0, y_1]$ 区间内，$y(t)$ 的导数为定常，斜率取 $y_0 = f(y_0, t_0)$，即该区间起始点的导数，这种微分方程的数值解法称为向前欧拉法。还可取 $y_1 \approx y_0 + f(y_1, t_1)h$，这时斜率取 $y_1 = f(y_1, t_1)$，即区间终点的导数，这称为向后欧拉法。除此之外，还可取：

$$y_1 \approx y_0 + \frac{1}{2}\big[f(y_0, t_0) + f(y_1, t_1)\big]h \qquad (4\text{--}12)$$

这时，认为斜率为 $y' = f(y,t)$，并用梯形面积 $\frac{1}{2}\big(y_0' + y_1'\big)h$ 来近似实际面积 $\int_{t_0}^{t_1} f(y,t)\mathrm{d}t$，称之为隐式梯形法。

在微分—代数方程求解技术上，基于固定步长的计算方法是广泛使用的数值方法，具有计算简单的优点，但在中长期时域仿真中计算量过大。因为在暂态分析时，必须采用较小的积分步长，如0.01s。近年来，出现了变步长的数值积分方法来提高计算效率。实际中，也可以将暂态和中长期分析分开来进行。

时域仿真方法的一般步骤如下：

①读入系统参数，形成导纳矩阵。

②求解稳态潮流，解得各变量初值。

③$k=0$，时间$t=k^*h$。

④网络操作是否需修改导纳矩阵？是，修改后转下一步；否，直接转下一步。

⑤计算$k+1$步变量值，y^{k+1}。

⑥如果仿真结束，则转下一步；否，转步骤④。

⑦输出结果。

五、电压稳定性控制系统功能要求

（一）离线分析与在线研究

对电压稳定性的把握对于电力系统的规划和运行有非常重要的作用。通常，电压稳定性的分析分为离线分析和在线分析。因其环境的不同而对各自的要求也不相同。

在离线环境下，必须确定所有计划的事故（如N–1或N–2准则）下的稳定裕度。由于维修和强制退出，实际上系统很少出现全部设备在线的情况。作为研究，通常把每个组件退出工作和每个计划的事故结合在一起，形成双重事故集，其中每一个都可能包括不相关的组件，如失去一条线路和一台发电机或者两条线路等。待分析的运行方式的多样化导致了离线分析的不确定性较大。

在线电压稳定性评估的任务是确定在给定条件下系统的安全性。如果出现了某一可信的事故破坏电压稳定性准则的情况，则该系统被认为是电压不稳定的。对于在线研究，通过系统量测和状态估计，系统状态和拓扑是已知的（或至少是近似知道的）。因此，仅仅需要研究所有组件在线时的一些标准（准则）事故，而只有少量事故情况需要检验。与离线研究相比，在线研究的不确定性较小。

经过多年的研究，离线计算的工具已经成熟，在线分析的工具正在建立。在线分析要计算电压稳定裕度，检验稳定准则是否被满足，提出关于满足准则应当采取的措施的建议。实际电压稳定性估计的一个重要方面是在线和离线估计方法的一致性。尽管两种方法可以检验不同的事故情况和需要不同的裕度，但基本方法和所用的模型应当是一致的。必须保证离线计算的结果可以和在线分析的结果相比较。例如，在方法上，采用 PU 或 QU 方法以及时域仿真在离线和在线研究中应当一致，如何量度裕度的定义也应当等同。在模型上，负荷的表示、发电机容量、励磁电流限制、并联补偿投切和变压器分接头改变也应等同。无论是离线还是在线研究的结果，都必须转换成可以由运行人员监控的运行极限和各种指标。

目前的工业实践都是采用定性方法进行电压稳定性估计。用目前的分析方法和计算机硬件估计广范围的工况和事故有可能会花费一些时间。然而，随着电网互联的发展，控制（包括校正措施）的日益复杂，以及电力市场环境下能量交易量和不确定性的增加（ATC 概念），概率性估计方法和准则可能成为必需。

不同电力系统有不同的电压稳定性准则和对电压稳定性的不同要求。一般来说，电压稳定性准则可以规定为用负荷增加、传输功率增加和其他关键系统参数表示的电压稳定裕度及系统不同部分（区域）的无功储备量。

任何一个可信的事故造成系统电压不安全，都必须采取预防或校正措施。预防控制措施是把系统运行状态移至电压安全运行点，即增加系统的电压稳定裕度。校正控制措施是在发生严重的或者意想不到的事故情况下，采取紧急控制措施，把系统从电压不安全运行区拉回电压安全运行点，以维持系统的电压稳定性。

即使系统电压是安全的，我们也希望知道当前的系统状态距离电压不安全有多远。

因而，在线电压稳定性估计软件包必须具有以下基本功能：

①对当前运行点进行稳定性估计。

②对可信事故进行选择。

③事故筛选、排序和评估。

④为加强电压安全性，确定预防和校正措施。

对于电压的安全性，除了估计当前系统状态外，还必须估计和预防未来状态，或是运行人员选定的特殊运行状态。

（二）电压稳定性的事故筛选、排序与评估

如前所述，无论是离线分析还是在线分析，都包含了事故分析。电力系统中引起事故的因素非常多，如自然灾害、元件(线路、发电机、变压器等）故障、保护失灵、误操作等。实际上，详细分析每一次事故是不切实际也是不必要的。实际上，能够危及系统安全的事故不多。事故分析通常包括事故筛选及事故评估两部分。如何筛选事故就成为摆在运行人员面前的一个课题。

1. 事故定义

一次事故包含了同时或单独发生的一个或多个事件，每一个事件都导致了一个或多个系统元件状态的改变。一次事故可能由一个小的扰动故障或开关动作引起。

事故定义中应包括以下开关动作：断路器分 / 合；并联电容器 / 电抗器接入 / 退出；串联电容器的接入 / 旁路；发电机跳闸；甩负荷；变压器分接头动作；FACTS 设备接入。

2. 传输线自动跳闸

预定的校正措施。

3. 事故筛选与排序

事故筛选的作用相当于一个过滤器，使得对于电压稳定性评估，无论是在线模式还是研究模式，仅仅是相关的和适当的事故被处理。事故筛选从预先设定事故表开始，制定事故表的目的是避免那些与在目前运行条件不相关的或不严重

的事故被处理。可以按事故的严重程度及其逻辑关系建立一个个事故集。事故筛选就是在每个事故集中选择 N 个最严重的事故。这些特殊情况必须能够基于运行参数（SCADA）和其他功能（如静态安全分析）的结果被自动识别出来，还应当识别"必须要选择"的事故。"必须要选择"的事故表应该是动态的，例如，应当自动计及电压稳定评估中校正措施戒备里的任何事故。

事故排序的任务是在详细分析电压稳定性之前，根据事故严重程度对预想事故进行排序，形成事故排序表。这样，就可以选择比较严重的事故进行详细分析，从而大大节省时间。

事故筛选与排序可以利用评估指标体系，如负荷裕度指标来进行。可以利用快速的近似算法来计算所有可信事故，再通过评估指标按严重程度进行排序。多年来，国际电压稳定研究领域开发了一些快速、近似的算法来计算事故后的系统负荷裕度，并按负荷裕度的大小进行事故严重程度排序。

4. 事故评估

事故评估的目的是对事故排序表中的事故进行详细分析，以确定稳定（安全）或不稳定（不安全）事故，其相应的"度"多大，作为确定相应的预防或校正措施的基础。

如前所述，静态（稳态）分析应包括潮流分析、灵敏度分析、裕度分析等。而动态分析应包括快动态和慢动态分析。发电机、调速器、过励限制器、负荷、无功补偿设备、ULTC 时间延迟、AGC 等动态特性都要被考虑到。

（三）电压稳定性的预防与校正控制

1. 电压稳定分级分区控制

电力系统的电压控制通常采用分级分区控制，即按空间和时间将电压控制分为三个等级：一级、二级和三级控制。

三级电压控制处于最高层，也称为全局控制。三级电压为预防控制，其时间跨度为几十分钟。它的目的在于发现电压稳定性的劣化和采取必要的措施。这类控制主要是协调各二级控制系统，指导值班人员进行干预，是对全系统的控制，由系统控制中心执行。三级电压控制监视全系统的电压，在紧急情况下，也可采取一些紧急措施，通过二级控制系统的紧急控制手段实现直接控制。除了安全监视，经济问题是该控制层考虑的主要问题，经济调度是这一控制层的日常工作。三级电压控制利用系统信息，确定在满足电网安全约束条件的前提下，使系统实现经济运行。

二级电压控制，也称为区域控制，处于中间层，控制响应速度一般在几分钟以内。二级控制系统是对某个区域的控制，由各地区的控制中心执行。如改变发电机或 SVC 的电压调节值、投切电容器和电抗器、切负荷，以及必要时闭锁变压器有载分接头开关切换等。这类控制也是自动闭环进行的，因为在几分钟的时间内，值班人员来不及干预。二级电压控制系统除了将上述时事控制命令从控制中心送到执行地点，还可以将各种电压安全监视信息送给有关值班人员。被控对象是每个区域内的受控设备，不受控设备不参与二级电压控制过程。

一级电压控制，也称当地控制，处于最底层，是对设置在发电厂、用户或各供电点的某个具体设备的控制，是这些设备应该具有的基本功能。一级电压控制通常是快速反应的闭环控制，响应时间一般在一秒至几秒内。一级电压控制器主要是区域内控制发电机的自动电压调节器或其他无功控制器。例如，同步电机（发电机、调相机、同步电动机）的无功功率控制、静止无功补偿器的控制，以及快速自动投切电容器和电抗器等。由负荷波动、电网切换和事故引起的快速电网变换，通常是由一级电压控制进行调整的。变压器有载分接头开关自动切换也属于就地的一级电压控制设备，但其响应速度慢，通常为几十秒至几分钟，主要是在缓慢但幅度大的负荷变化时维持电压质量。这些控制设备仅利用局部信息和／或二级电压控制系统传来的附加信号确定控制量以补偿快速和随机的电压波动，提供系统所需的无功支持，将电压维持在指定的参考值附近。

综上所述，在这种分级、分区的控制框架中，三级电压控制是最高层，它以全系统的经济运行为优化目标，并考虑稳定性指标。二级电压控制接受三级电压控制发出的信号，通过对区域内各可控元件的控制使区域内的电压水平保持稳定。一级电压控制根据二级电压控制的控制信号调节系统所需的无功支持。在电压的这种分级递阶控制系统中，每一层都有各自的控制目标，低层控制接受上层控制信号并将其作为自己的控制目标，进而向下一层发出控制信号。

2. 电压稳定控制措施

造成电压不稳定的主要原因是系统的功率传输能力或动态无功储备不足，因此电压稳定与发电系统、传输系统和负荷的特性有关。为提高电压稳定性，从发电系统看，可通过提高发电机的有功、无功输出能力，运行备用以及机端电压水平来实现；从传输系统看，增加输电线路，通过串联无功补偿，减少网络电抗提高线路功率传输能力，在枢纽点增加并联电容器或电抗器改善系统的潮流分布和无功流向，使系统具有最大的功率储备；从负荷系统看，保持电压稳定就是要维持负荷的电压水平和满足负荷的需求。并联无功补偿可以减少负荷对系统的无功需求，提高负荷侧的电压。负荷侧的有载调压变压器可以在系统无功电源充足的情况下进行调节。切负荷也是电压稳定控制的最基本方法之一。

对于电压稳定控制系统而言，必须保证：电网正常运行时的运行稳定性，系统的运行电压必须处于约束限制内。在正常运行时，必须具有一定的无功功率储备，以保证事故后的系统电压大于规定的最低限制，防止出现电压崩溃事故。在紧急状态下，使电压处于足够高的水平，以防止电压崩溃。在上述条件的制约下，减少电力系统的功率损耗，保证经济效益。

一般来说，电力系统中电压稳定的控制手段应从系统的无功/电压调节手段、功率传输能力等方面来考虑。各种控制手段都有其特点。

发电机是电网中调整运行电压的重要设备。发电机不仅是有功电源，也是无功电源，有些发电机还能通过进相运行吸收无功功率，所以可用调整发电机端电压的方式进行调压。这是一种充分利用发电机设备，不需要额外投资的调压手段。如果发电机有充足的无功储备，通过调节励磁电流增大发电机电势，可以从整体上提高电网的电压水平，提高电压的稳定性。

同步调相机是很好的电压无功控制设备，它可以通过向系统提供或吸取无功功率进行调压。同步调相机相当于空载运行的同步电动机，也就是只能输出无功功率的发电机。它可以过励磁运行，也可以欠励磁运行，运行状态根据系统的要求调节。在过励磁运行时，它向系统提供感性无功功率，起无功电源的作用；在欠励磁运行时，它从系统吸取感性无功功率，起无功负荷的作用。

调整变压器分接头挡位可改善局部地区电压。有载调压变压器可以在带负荷的情况下切换分接头，而且调节范围也比较大。这样可以根据不同的负荷来选择合适的分接头，既能缩小电压的变化幅度，也能改变电压变化的趋势。但在实际系统的运行中，由于负荷的峰谷差较大，可能要频繁调整分接头，这会引起电压的波动。如果系统的无功储备不足，那么当某一地区的电压由于变压器分接头的改变而升高后，该地区所需的无功功率也增大了，这就可能扩大系统的无功缺额。从而导致整个系统的电压水平下降得更多，严重的还会发生电压崩溃。

静电电容器：它是通过并联电容器向系统供给感性无功功率来实现调压。

静止无功补偿器（Static Var Compensator，SVC）调压：是一种广泛使用的快速响应无功功率补偿和电压调节设备，对于支持系统电压和防止电压崩溃，是一种强有力的措施。SVC 是可控硅控制 / 投切的电抗器和可控硅投切的电容器，或它们组合而成的控制器的统称。它由电容器组与可调电抗器组成，通过向系统提供或吸取无功功率进行调压。

改变电网参数：采用串联电容器补偿线路的部分串联阻抗，从而降低传送功率时的无功损耗，并使电压损耗中的 QX/V 分量减小，提高线路末端电压。由于串联电容器提供的无功功率不受节点电压的影响，它对于电压稳定性的提高有良好的作用。另外，它还可以提高网络的功率传输能力，进而提高系统的静稳极限。早期用固定串联补偿器提高线路输送容量，现在晶闸管可控串联补偿器（TCSC）是主要的 FACTS 装置。

STATCOM（Static Synchronous Compensator）调压：它是一种新型静止无功发生器装置。起始输入来自一组储能电容器上的直流电压，其输出的三相交流电压与电力系统电压同步。STXTCOM 的功能要优越于 SVC。例如，当电网连接无功补偿装置的母线电压下降时，SVC 的最大无功输出也会下降，因为其最大无功输出与电压的平方成正比。而 STATCOM 的输出犹如发电机的电势不会下降，仍能加大其无功输出。

切负荷：当已不能采取上述措施，或者上述措施调节电压的速度不够快，或者系统发生了紧急事故电压急剧下降时，应该考虑适当地切去部分负荷，以确保整个系统的安全运行。

3. 预防控制与校正控制

预防控制是指在当前运行方式下负荷连续增长或通过故障分析得知系统在故障后可能发生电压问题时采取的控制措施，以保证系统在当前运行方式下或故障后状态下保持一定的稳定裕度，防止电压崩溃的发生，是一种慢速、调节性的控制。

（1）预防控制措施

①电压/无功的再调度。

②发电机出力调整。

③无功补偿措施（SVC、静电电容器、同步调相机、有载调压变压器等）。

④有功和无功储备的调整。

⑤某些界面潮流的调整。

⑥HVDC、FACTS的调整等。

⑦切负荷等。

（2）预防控制措施也可以为下述一个或几个的组合

①用户制定的预防控制措施。

②基于控制规则的预防控制措施。

③基于优化的预防控制措施。

（3）校正控制

指在系统发生严重的事故或系统处于连续负荷增长情况下，处于电压不稳定的过程中进行的控制，使系统能够恢复稳定或使系统保持一定的稳定裕度的控制手段，是一种快速、紧急性控制。

一般来说，校正控制措施有：发电机出力调整；尽可能地投入无功补偿装置（SVC、静电电容器、同步调相机等）；切负荷；有载调压变压器的闭锁等。

第三节 电力系统供配电自动化技术

一、配电管理系统概述

（一）能量管理系统与配电管理系统

能量管理系统（EMS）是以计算机为基础的现代电力系统的综合自动化系统，主要针对发电和输电系统，用于大区级电网和省级电网的调度中心。根据能量管理系统技术发展的配电管理系统（DMS）主要针对配电和用电系统，用于 10kV 以下的电网。实际上我国还有城市网、地区网和县级网，电压等级在 35 ~ 220kV（也有 500kV），这一级电网称为次输电网，针对电源和负荷管理情况亦可以采用 EMS 或 DMS。

在电力系统中，EMS 所管理的对象是电力系统的主干网络，针对的是高压系统，而供电和配电业务处在电力系统的末端，它管理的是电力系统的细枝末节，针对的是低压网络。主干网络相对集中，而供电和配电网络相对分散，配电系统和输电系统之间存在一定的差异：

①配电网络多为辐射形或少环网，而输电系统为多环网。

②配电设备（如分段器、重合开关和电容器等）沿线路分散配置，而输电设备多集中在变电站。

③配电系统远程终端数量大，每个远程终端采集量少，但总的采集量大，而输电系统相反。

④配电系统中许多野外设备需要人工操作，而输电设备多为远程操作。

⑤配电系统的非预想接线变化要多于输电系统，配电系统设备扩展频繁，检修工作量大。

在配电网络自动化工程中，我们可以应用 EMS 的思想技术。配电网络的自动化工程开始较晚，至今尚在开发和完善中。

将具有就地控制功能的馈线自动化和变电站自动化列入配电自动化（DA）。配网控制中心的各种监视、控制和管理功能，包括配电网数据采集和监控（SCADA）、地理信息系统（GIS）、各种高级应用软件（PAS）和需方管理等，连同配电自动化（DA），统称为DMS。

（二）配电SCADA的特点

配电SCADA系统是DMS基本功能的组成，同时它又是DMS的基本应用平台。配电SCADA系统在DMS中的地位和作用与输电SCADA系统在输电网EMS中的地位和作用是相同的。

由于配电网本身的特点以及配电网管理模式和输电网管理模式的不同，配电SCADA系统并不是照搬输电SCADA系统。相对而言，配电SCADA系统比输电SCADA系统要复杂得多，主要体现在以下几个方面：

①配电SCADA系统的基本监控对象为变电站10kV出线开关及以下配电网的环网开关、分段开关、开关站、公用配电变压器和电力用户，这些监控对象除了集中在变电站的设备，还包括大量的馈电线沿线的设备，例如柱上变压器、开关和刀闸等。监控对象的数据量通常要比输电系统高一个数量级，而且由于数据分散、点多面广，采集信息也要困难得多。因此，配电SCADA系统对数据库和通信系统的要求要比输电SCADA系统的要求更高，配电SCADA系统的组织模式也有自己的特点。

②配电网的操作频度和故障频度比输电网要多得多，配电SCADA系统还要具有故障隔离和自动恢复供电的能力，因此配电SCADA系统比输电SCADA系统对数据实时性的要求更高。此外，配电SCADA系统除了采集配电网静态运行数据，还必须采集配电网故障发生时的瞬时动态数据，如故障发生时的短路电流和短路电压。

③配电SCADA系统需要采集瞬时动态数据并实时上传，因而配电SCADA系统对远动通信规约有特殊的要求。

④配电网为三相不平衡网络，而输电网为三相平衡网络，因而，配电SCADA

系统采集的信息数量和计算的复杂性大大增加，SCADA 图形也必须反映配电网三相不平衡这一特点。

⑤配电网直接面向用户，由于用户的增容、拆迁、改动等，使得配电 SCADA 系统的创建、维护和扩展的工作量非常大，配电 SCADA 系统对可维护性的要求也更高。

⑥DMS 集成了管理信息系统（MIS）的许多功能，对系统互连性的要求更高，配电 SCADA 系统必须具有更好的开放性。此外，配电 SCADA 系统必须和配电图资地理信息系统（AM/FM/GIS）紧密集成，这是输电 SCADA 系统不需要考虑的问题。

（三）配电 SCADA 系统的基本组织模式

配电网的 SCADA 系统是通过监测装置来收集配电网的实时数据，进行数据处理以及对配电网进行监视和控制等功能。监测装置除了变电站内的 RTU 和监测配电变压器运行状态的 TTU（配电变压器监测终端），还包括沿馈线分布的 FTU（馈线终端装置），用以实现馈线自动化的远动功能。

EMS 一般采用一个厂站 RTU 占用一个通道的组织方式，而配电网的 SCADA 系统由于存在大量分散的数据采集点，如果是一对一的组织方式就需要有大量的通信通道，在主站端也需要有与之规模相应的通信端口，这种组织方式是不可能实现的，因此常将分散的户外分段开关控制集结在若干点（称作区域子站）后再上传至控制中心。若分散的点太多，还可以做多次集结，子站也可以有二级甚至多级子站，形成分层的组织模式。

（四）配电管理系统的通信方案

与输电网自动化不同，配电自动化系统要和数量很多的远方终端通信，因此多种通信方式在配电网中的混合使用就难以避免。配电自动化系统采用的通信方式有配电线载波通信、电话线、调幅（AM）调频（FM）广播、甚高频通信、特高频通信、微波通信、卫星通信、光纤通信等。这里只讨论配电自动化系统的一种典型的通信方式——光纤通信。

1. 主站与子站之间，使用单模光纤

实施配电自动化的电力企业（供电局），大多在调度中心与变电站之间已经建立了单模光纤通信网络，配网自动化系统的主站与子站之间的通信可以借用这个通道，从而节省再次铺设通信线路的投资。而且，主站与子站之间的通信距离相对较远，中间又没有中继装置，而单模光纤的传输距离在 6km 以上，完全能够满足要求。

2. 子站与 FTU 之间，使用多模光纤

主干通信网络将光纤作为通信媒介，可靠性高，出现故障的可能性低。使用自愈双环网，可以保证通信网络故障时不至于使整个网络通信崩溃。因为子站与 FTU 之间形成的通信网络，各个通信节点的距离较短，很少超过 3km，多模光纤已经能够满足要求，不需要使用单模光纤。因此，子站与 FTU 之间可使用多模光纤，构成自愈双环网。

（1）单环光纤通信

光收发器既有光收发功能，又有转发功能。在环网中每个 FTU 配一个这样的光收发器，并用一根单芯的光纤与相邻的 FTU 或主站相连。在单环通信结构中，一旦光纤或光收发器发生故障，整个环就失去了通信功能。

（2）自愈式双环光纤通信

自愈式双环光纤通信可大大提高通信的可靠性，自愈式环网由两个环网组成，即 A 环和 B 环，它们数据流的方向刚好相反。若其中一个是主环，如 A 环，那么 B 环就是备用的。一旦其中一个光转发器出现故障，相邻的光转发器能测出数据流断开而自动形成两个环工作，即一个为 A 到 B 的环，另一个为 B 到 A 的环，仅将故障设备退出并通知子站。如果光纤发生故障，则故障两侧的光收发器自动构成回路而形成双环工作，不影响系统的通信，并将故障点通知子站。

（3）TTU 与电量集抄系统的数据的转发

如果由 FTU 负责附近 TTU 及电量集抄系统数据的转发，可以利用有线（屏蔽双绞线）方式用现场总线（如 RS-485，CAN 总线、Lon-Works 总线等）通信。

由于 TTU 与电量集抄系统的数据实时性要求不高，通信媒介选用屏蔽双绞线已经能够满足要求。FTU 负责附近 TTU 及集抄系统的转发通道，不进行数据解包工作。

（五）有源配电网（ADN）的特点

未来电网的发展使越来越多的分布式能源接入配电网，因此配电网的运行方式也由传统的单电源辐射型配电网转变为有源配电网（Active Distribution Network，ADN）。

传统的配电系统只能将电力由上级输电网送到配电终端用户，在未来的智能电网中，配电系统将会实现系统与用户之间的电力以及通信的双向交互，而集成高级配电自动化功能的 DMS 能够推动实现信息能量的综合控制。

从 ADN 的需求出发，DMS 的要求分为以下几个方面：

①具有能够进行灵活通信控制的设备，为接入系统的配电设备以及终端用户提供技术支撑。

②能够实现可控设备的自动化功能。

③满足分布式能源的接入需求。

④通过电力电子技术提高系统的综合控制水平。

⑤具备配电系统快速建模以及仿真系统。

1. 电能质量管理系统

在 ADN 中，系统通过双向的通信设备以及检测设备对电网中的无功控制装置以及分布式能源进行管理，能有效进行电压、无功以及谐波的控制，提高配电网整体运行性能。

有源智能配电网能够通过检测系统采集的数据进行状态分析、评估，并预测整个系统的运行状态，从而提高配电网的整体运行效率，并减小停电风险。未来的实时模拟器能够集成 DMS 检测系统中所有信息源，为有源智能配电网提供有力的支撑。

2. 配电实时状态估计与预测系统

实时状态估计能够分析配电网的系统并预测其中的风险值。配电系统可以根据电网的实时状态进行优化调度，提高配电网的运行可靠性。

3. 分布式能源集成

ADN 能高度集成利用多种分布式能源，并通过实时系统以及双向通信系统来监控分布式能源的运行状态。区别于传统配电网，分布式能源在 ADN 中除了作为普通能量源，还能够有效支撑电网运行中的电压无功控制以及负荷管理等功能，融入整个电力市场中。

可以说，ADN 通过先进的自动化技术、信息通信技术以及电力电子技术提高了整个配电网经济运行的可靠性。

通过对有源智能配电网的整体功能模块分析可知，其旨在通过先进的自动化对电网运行工况、负荷需求、微电网运行状态以及分布式能源运行状态进行采集，通过 SCADA 系统传输至 DMS 中心，作为系统优化的原始数据。同时，对配电系统下一阶段需要的风电、光伏以及负荷处理进行预测，用采集到的信息估计系统的状态，继而利用 DMS 中内嵌的优化程序进行计算，得到下一调度周期的配电网网架结构、分布式发电的处理调整、储能设备运行、负荷控制策略、变压器分接头位置以及无功控制装置等状况。

二、馈线自动化

馈线自动化（Feeder Automaton，FA）是配网自动化的一项重要功能。馈线自动化是指配电线路的自动化。由于变电站自动化是相对独立的一项内容，实际上在配网自动化以前馈线自动化就已经发展并完善，因此在一定意义上可以说配网自动化指的就是馈线自动化。不管是国内还是国外，在实施配网自动化时，也确实都是从馈线自动化开始的。

馈线自动化在正常状态下，实时监视馈线分段开关与联络开关的状态和馈线电流、电压情况，实现线路开关的远方或就地合闸和分闸操作。在故障时获得故障录波，并能自动判别和隔离馈线故障区段，迅速对非故障区段恢复供电。

（一）馈线终端

配电网自动化系统远方终端有馈线远方终端（包括 FTU 和 DTU）、配电变压器远方终端（Transformer Terminal Unit，TTU）和变电站内的远方终端（RTU）。

FTU 分为三类：户外柱上 FTU、环网柜 FTU 和开关站 FTU。DTU（数据传输单元），实际上就是开关站 FTU。三类 FTU 应用场合不同，分别安装在柱上、环网柜内和开关站。但它们的基本功能是一样的，都包括遥信、遥测和遥控以及故障电流检测等功能。

FTU/1TU 在 DMS 中的地位和作用和常规 RTU 在输电网 EMS 中的地位和作用是等同的。但是配电网远方终端并不等同于传统意义上的 RTL。一方面，配电自动化远方终端除了具有 RTU 的四遥功能，更重要的是它还具有故障电流检测、低频减负荷和备用电源自投等功能，有时还需要提供过电流保护等原来属于继电保护的功能，因而从某种意义上讲，配电远方终端比 RTU 的智能化程度更高，实时性要求也更高，实现的难度也就更大。另一方面，传统的 RTU 往往集中安装在变电站控制室内，或分层分散地安装在变电站各开关柜上，但总的来说都安装在环境相对较好的室内。而配电自动化远方终端不同，虽然它也有少量设备安装在室内（开关站 FTU），但更多的设备安装在电线杆上、马路边的环网柜内等环境非常恶劣的户外。因而对配电自动化远方终端设备的抗振、抗雷击、低功耗、耐高低温等性能的要求比传统 RTU 要高得多。

（二）馈线自动化的实现方式

馈线自动化方案可分为就地控制和远方控制两类。前一种依靠馈线上安装的重合器和分段器自身的功能来消除瞬时性故障和隔离永久性故障，不需要和控制中心通信即可完成故障隔离和恢复供电；而后一种是由 FTU 采集到故障前后的各种信息并传输至控制中心，由分析软件分析后确定故障区域和最佳供电恢复方案，最后以遥控方式隔离故障区域，恢复正常区域供电。

就地控制方式的优点是，故障隔离和自动恢复送电由重合器完成，不需要主站控制，因此在故障处理时对通信系统没有要求，投资省、见效快。其缺点是，这种实现方式只适用于配电网络相对比较简单的系统，而且要求配电网运行方式相对固定。另外，这种实现方式对开关性能要求较高，而且多次重合对设备及系统冲击大。早期的配网自动化只是单纯地为了隔离故障并恢复非故障区供电，还没有提出配电系统自动化或配电管理自动化，就地控制方式是一种普遍的馈线自动化的实现方式。

远方控制方式由于引入了配电自动化主站系统，由计算机系统完成故障定位，因此故障定位迅速，可快速实现非故障区段的自动恢复送电，而且开关动作次数少，对配电系统的冲击也小。其缺点是，需要高质量的通信通道及计算机主站，投资较大，工程涉及面广、复杂；尤其是对通信系统要求较高，在线路故障时，要求相应的信息能及时传输到上级站，上级站发送的控制信息也能迅速传输到 FTU。

随着电子技术的发展，电子、通信设备的可靠性不断提高，计算机和通信设备的造价也会越来越低，预计将来会广泛地采用配电自动化主站系统配合遥控负荷开关、分段器，实现故障区段的定位、隔离及恢复供电，克服就地控制方式带来的缺点。

（三）重合器

自动重合器是一种能够检测故障电流，在给定时间内断开故障电流并能进行给定次数重合的一种有"自具"能力的控制开关。所谓自具，即本身具有故障电流检测和操作顺序控制与执行的能力，无须附加继电保护装置和另外的操作电源，也不需要与外界通信。现有的重合器通常可进行三次或四次重合。如果重合成功，重合器则自动中止后续动作，并在适当延时后恢复到预先的整定状态，为下一次故障做好准备。如果故障是永久性的，则重合器经过预先整定的重合次数后，就不再进行重合，即闭锁于开断状态，从而将故障线段与供电电源隔离开来。

重合器在开断性能上与普通断路器相似，但相比普通断路器具有多次重合闸的功能。在保护控制特性方面，则比断路器的智能化高得多，能自身完成故障检测、判断电流性质、执行开合功能；并能记忆动作次数、恢复初始状态、完成合闸闭锁等。

（四）分段器

分段器是提高配电网自动化程度和可靠性的又一种重要设备。分段器必须与电源侧前级主保护开关（断路器或重合器）配合，在无压的情况下自动分闸。当发生永久性故障时，分段器在预定次数的分合操作后闭锁于分闸状态，从而达到隔离故障线路区段的目的。若分段器未完成预定次数的分合操作，故障就被其他设备切除了，分段器将保持在合闸状态，并在适当延时后恢复到预先整定状态，为下一次故障做好准备。分段器可开断负荷电流、关合短路电流，但不能开断短路电流，因此不能单独作为主保护开关使用。

电压—时间型分段器有两个重要参数需要整定：时限 X 和时限 Y。时限 X 是指从分段器电源侧加压开始，到该分段器合闸的时间，也称为合闸时间。时限 Y 称为故障检测时间，它的作用是：当分段器关合后，如果在 Y 时间内一直可检测到电压，则 Y 时间之后发生失电压分闸，分段器不闭锁，重新来电时还会合闸（经 X 时限）；如果在 Y 时间内检测不到电压，则分段器将发生分闸闭锁，即断开后来电也不再闭合。X 时限 $> Y$ 时限 $> t_1$（t_1 为从分段器源端断路器或重合器检测到故障起到跳闸的时间）。

电压—时间型分段器有两种功能。第一种是在正常运行时闭合的分段开关；第二种是正常运行时断开的分段开关。当电压—时间型分段器作为环状网的联络开关并开环运行时，作为联络开关的分段器应当设置在第二种功能，而其余的分段器则应当设置在第一种功能。

（五）远方控制的馈线自动化

FTU 是一种具有数据采集和通信功能的柱上开关控制器。在故障时，FTU

将故障时的信息通过通道送到变电站，而与变电站自动化的遥控功能相配合，对故障进行一次性的定位和隔离。这样，既免去了由于开关试投所增加的冷负荷，又大大缩短了自动恢复供电的时间（由大于 20min 缩短到约 2min）。此外，如有需要，还可以自动启动负荷管理系统，切除部分负荷，以解决可能需应对的冷负荷问题。

典型的基于 FTU 的远方控制的馈线自动化系统中的各 FTU 分别采集相应柱上开关的运行情况，如负荷、电压、功率和开关当前位置、储能完成情况等，并将上述信息由通信网络发向远方的配电网自动化控制中心。各 FTU 接收配网控制中心下达的命令进行相应的远方倒闸操作。在故障发生时，各 FTU 记录下故障前及故障时的重要信息，如最大故障电流和故障前的负荷电流、最大故障功率等，并将信息传至配网控制中心，经计算机系统分析后确定故障区段和最佳供电恢复方案，最终以遥控方式隔离故障区段，恢复正常区段供电。

三、负荷控制技术及需方用电管理

（一）电力负荷控制的必要性及其经济效益

电力负荷控制系统是实现计划用电、节约用电和安全用电的技术手段，也是配电自动化的一个重要组成部分。

不加控制的电力负荷曲线是很不平坦的，上午和傍晚会出现负荷高峰；而在深夜负荷很小又形成低谷。一般最小日负荷仅为最大日负荷的 40% 左右。这样的负荷曲线对电力系统是很不利的。从经济方面看，如果只是为了满足尖峰负荷的需要而大量增加发电、输电和供电设备，在非峰荷时间里就会造成很大的浪费，可能占容量 1/5 的发变电设备每天仅仅工作一两个小时！而如果按基本负荷配备发变电设备容量，又会使 1/5 的负荷在尖峰时段得不到供电，也会造成很大的经济损失。上述矛盾是很尖锐的。另外，为了跟踪负荷的高峰低谷，一些发电机组要频繁地起停，既增加了燃料的消耗，又降低了设备的使用寿命。同时，这种频繁的起停以及系统运行方式的改变，都必然会增加电力系统故障的机会，影响安全运行，从技术方面看对电力系统也是不利的。

如果通过负荷控制，削峰填谷，使日负荷曲线变得比较平坦，就能够使现有电力设备得到充分利用，从而推迟扩建资金的投入；并可减少发电机组的起停次数，延长设备的使用寿命，降低能源消耗；同时对稳定系统的运行方式，提高供电可靠性也大有益处。对用户来说，如果让峰用电，也可以减少电费支出。因此，建立一种市场机制下用户自愿参与的负荷控制系统，会形成双赢或多赢的局面。

（二）电力负荷控制种类

目前，电力系统中运行的有分散负荷控制装置和远方集中负荷控制系统两种。分散的负荷控制装置功能有限，不灵活，但价格便宜，可用于一些简单的负荷控制。例如，用定时开关控制路灯和固定让峰装置设备，用电力定量器控制一些用电指标比较固定的负荷等。远方集中负荷控制系统的种类比较多，根据采用的通信传输方式和编码方法的不同，可分为音频电力负荷控制系统、无线电电力负荷控制系统、配电线载波电力负荷控制系统、工频负荷控制系统和混合负荷控制系统五类。在我国，负荷控制方式主要有无线电电力负荷控制和音频电力负荷控制，此外还有工频负荷控制、配电线载波电力负荷控制和电话线负荷控制等。在欧洲多地采用音频控制，在北美较多的采用无线电控制。

电力负荷控制系统由负荷控制中心和负荷控制终端组成。电力负荷控制中心是可对各负荷控制终端进行监视和控制的主控站，应当与配电调度控制中心集成在一起。电力负荷控制终端是装设在用户处，受电力负荷控制中心的监视和控制的设备，也称被控端。

负荷控制终端又可分为单向终端和双向终端两种。单向终端只能接收电力负荷控制中心的命令；双向终端能与电力负荷控制中心进行双向数据传输和实现就地控制功能。

（三）负荷控制系统的基本层次

根据负荷管理的现状，负荷控制系统以市（地）为基础较合适，在规模不大的情况下，可不设县（区）负荷控制中心，而让市（区）负荷控制中心直接管理各大用户和中、小重要用户。

（四）无线电负荷控制系统

在配电控制中心装有计算机控制的发送器。当系统出现尖峰负荷时，按事先安排好的计划发出规定频带（目前为特高频段）的无线电信号，分别控制一大批可控负荷。在参加负荷控制的负荷处装有接收器，当收到配电控制中心发出的控制信号时将负荷开关跳开。这种控制方式适合控制范围不大、负荷比较密集的配电系统。

国家无线电管理委员会已为电力负荷监控系统划分了可用频率，并规定调制方式为移频键控（数字调频）方式（2FSK-FM），传输速率为 50 ~ 600bit/s。具体使用的频率要与当地无线电管理机构商定。

在无线电信息传输过程中，信号受到干扰的可能性很大。这会影响负荷控制的可靠性。为了提高信号传输过程中的抗干扰能力，常使用一些特殊的编码。这种编码方式用三个频率组成一个码位，每一位都由具有固定持续时间和顺序的三个不同频率组成。每个频率的持续时间为 15ms，每一码位为 45ms，码位间隔 5ms。当音调顺序为 ABC 时，表示该码元为"1"；当音调顺序为 ACB 时，则表示该码元为"0"。每 15 位码元组成一组信息码，持续时间为 750ms。译码器必须按每一码元的频率、顺序和每一频率的持续时间接收、鉴别和译码。要对每一码元进行计数，如果不是 15 位就认为有误而拒收。在一组码中，前面 7 位是被控对象的地址码，接下来 2 位是功能码（有告警、控制、开关状态显示、模拟量遥测四种功能），最后 6 位为数据码，即告警代号、开关号或模拟量的读数。

主控制站利用控制设备和无线电收发信装置发出指令，可同时控制 128 个被控站。主控制站也能从被控站接收各种信息，并自动打印和显示出来，同时存入磁盘中供分析检查使用。

（五）音频负荷控制系统

音频负荷控制系统是指将 167 ~ 360Hz 的音频电压信号叠加到工频电力波形上直接传输到用户进行负荷控制的系统。这种方式将配电线作为信息传输的媒介，是最经济的传输控制信号的方法，适用于范围很广的配电系统。

音频控制的工作方式与电力线载波类似，只是载波频率为音频范围。与电力线载波相比，它的传播更有效，有较好的抗干扰能力。在选择音频控制频率时要避开电网的各次谐波频率，选定前要对电网进行测试，使选用的频率既具有较好的传输特性，又不受电网谐波的影响。目前，各国选用的音频频率却不相同，例如，德国为 183.3Hz 和 216.6Hz，法国为 175Hz，也有的采用 316.6Hz。另外，采用音频控制的相邻电网要选用不同的频率。

因为音频信号也是工频电源的谐波分量，它的电平太高会给用户的电器设备带来不良影响。多种研究表明：注入 10kV 级时，音频信号的电平可为电网电压的 1.3% ~ 2%；注入 110kV 级时则可为电网电压的 2% ~ 3%。音频信号的功率为被控电网功率的 0.1% ~ 0.3%。

1. 音频负荷控制系统的基本原理

音频负荷控制系统主要由中央控制机、当地站控机、音频信号发生器、耦合设备、注入互感器和音频信号接收器等组成。

中央控制机安装在负荷控制中心（一般在配电控制中心内），根据负荷控制的需要发出各种指令。这些指令脉冲序列通过调制器送到传输信道上，传输到设在配电变电站的站控机。从配电控制中心到配电变电站可以共用配电网 SCADA 的已有信道。

站控机接到从中央控制机发送的控制信号之后，控制音频信号发生器调制成音频信号，然后通过耦合设备注入 10kV 配电网中。载有负荷控制命令的音频信号从配电变电站出来沿着中压（10kV）配电线在中压配电网中传输，然后通过配电变压器传到低压（220V/380V）配电网。设在低压配电网的音频信号接收器接到音频控制信号后进行检波，将控制命令还原出来，由接收器的译码鉴别电路判断是否本机地址及执行何种操作，如果是，则执行相应操作，反之，则不予理睬。音频部分指当地站控机到低压负荷开关部分，这是一个很庞大的网络，控制信号传输的距离很长，控制的负荷点很多。

2. 中央控制机及音频编码方式

中央控制机可以是一台独立工作的微型计算机，并配有显示、打印和人机联系等外部设备，也可以是配电网自动化系统的一部分。负荷控制命令按照预先设定的控制规律自动定时发出，或由配电网调度人员发出。中央控制机可以对发出的命令进行返回校核，如果指令不正确，则重发一次，直到音频信号接收器正确收到指令。

控制信号编码中的第一个是启动码，占用 80 个工频周波。启动码后面有 50 个码位，以若干位为一组，分别组成指令的地址码和操作码。例如，用前 10 个码位作为音频发射器的地址，用 10 取 2 的组合，可以在一个配电网中同时安装 45 台有不同地址码的音频发射器（也可以几台发射器共用一个地址码来扩大控制范围），把其后的 20 个码位作为接收机的地址码，采用 20 取 2 的组合，可以有 190 个不同的地址码。实际应用时常将几个、几十个甚至几百个同一类别的被控负荷用同一地址码表示，可使负荷控制的范围更大。例如，将 100 个接收器分为一组，上述的 190 个地址码就能控制 19000 个负荷。其余的码位为操作码的编码，指明何种操作。

（六）负荷管理与需方用电管理

负荷管理（LM）的直观目标，就是通过削峰填谷使负荷曲线尽可能变得平坦。这一目标的实现，有的由 LM 独立完成，有的则需与配电 SCADA、AF/FM/GIS 及应用软件 PAS 配合实现。

需方用电管理（DSM）则从更大的范围来考虑这一问题。它通过发布一系列经济政策以及应用一些先进的技术来影响用户的电力需求，以达到减少电能消耗推迟甚至少建新电厂的效果。这是一项充分调动用户参与的积极性，充分利用电能，进而改善环境的一项系统工程。

四、配电图资地理信息系统

（一）概述

配电图资地理信息系统（AM/FM/GIS）是自动绘图（Automated Mapping，AM）、设备管理（Facilities Management，FM）和地理信息系统（Geographic Information System，GIS）的总称，是配电系统各种自动化功能的公共基础。

和输电系统不同，配电系统的管辖范围从变电站、馈电线路一直到千家万户的电能表。配电系统的设备分布广、数量大，所以设备管理任务十分繁重，且均与地理位置有关。而且配电系统的正常运行、计划检修、故障排除、恢复供电以及用户报装、电量计费、馈线增容、规划设计等，都要用到配电设备信息和相关的地理位置信息。因此，完整的配电网系统模型离不开设备和地理信息。配电图资地理信息系统已成为配电系统开展各种自动化（如电量计费、投诉电话热线、开具操作票等）的基础平台。

（二）地理信息系统

地理信息系统（GIS）产生于 20 世纪 60 年代中期，当时主要是用于土地资源规划、自然资源开发、环境保护和城市建设规划等。在国内起步较晚，20 世纪 80 年代初，一些科研单位与大学才开始这方面的研究。

地理信息系统是计算机软、硬件技术支持下采集、存储、管理、检索和综合分析各种地理空间信息，以多种形式输出数据与图形产品的计算机系统。

地理是地理信息系统的重要数据源，这里的地图是指数字地图。数字地图是一种以数字形式表示的地图，它将地图上的地理实体分布范围用点、线、面来描述。点代表地面上的水井、高程水准点那样的物体。地理实体的位置采用一对（X，Y）坐标来表示。线代表河流和河道等线状地物。这类物体的位置采用一组有序的（X，Y）坐标来表示。数字地图上的线，有起始点和终止点，是有方向性的，称为矢量数据。面代表地图上具有边界和面积的区域，如建筑群、湖泊等。可采用一组首尾位置重合的有序线段来表示地理实体的边界位置，即面是由一组的有序线段包围的区域。

地图数字化是建立地理信息系统的重要环节。根据上述"点""线""面"的定义，地图上各种地物的空间分布信息就可以用数字准确地表示出来。数字化的地理底图如同字模一样，可以一次制作，多次使用，从而降低成本。

（三）自动绘图和设备管理系统

标有各种电力设备和线路的街道地理位置图，是配电网管理维修电力设备以及寻找和排除设备故障的有力工具。原来这些图资系统都是人工建立的，即在一定精度的地图上，由供电部门标上各种电力设备和线路的符号，并建立相应的电力设备和线路的技术档案。现在这些工作都可以由计算机完成，即自动绘图和设备管理（AM/FM）系统。

AM 包括制作、编辑、修改与管理图形；FM 包括各种设备及其属性的管理。AM 是通过扫描仪将地图图形输入计算机；FM 是将各种电力设备和线路符号反映在计算机的地理背景图上，并通过检索得到各设备的坐标位置以及全部有关技术档案。AM/FM 系统不仅可以根据设备信息自动生成配电网络接线或从地理图上按设备、线路或区域直接调出有关的信息，而且具有缩放、分层消隐、漫游、导航以及旋转等功能。

20 世纪 70 年代至 80 年代中期的 AM/FM 系统大都是独立系统。近些年来，随着 GIS 的快速发展，目前大多数 AM/FM 系统均建立在 GIS 的基础上，即利用 GIS 来开发功能更强的 AM/FM 系统，形成由多学科技术集成的基础平台，因此现在也称为 AM/FM/GIS 系统。

（四）AM/FM/GIS 系统在配电网中的实际应用

AM/FM/GIS 系统以前主要是离线应用，是用户信息系统（Customer Information System，CIS）的一个重要组成部分。近年来，随着开放系统的兴起，新一代的 SCADA/EMS/DMS 开始广泛采用商用数据库。这些商用数据库（如 ORACLE，SYBASE）能支持表征地理信息的空间数据和多媒体信息，这就为 SCADA/EMS/

DMS 与 AM/FM/GIS 的系统集成提供了方便，使 AM/FM/GIS 得以在线应用，成为电力系统数据模型的一个重要组成部分。

1.AM/FM/GIS 系统在离线方面的应用

AM/FM/GIS 系统作为用户信息系统的一个重要组成部分，提供各种离线应用。

（1）在设备管理系统中的应用

在以地理图为背景绘制的单线图上，能分层显示变电站、线路、变压器、断路器、隔离开关甚至电杆路灯和电力用户的地理位置。只要激活一下所检索的厂站或设备图标，就可以显示有关厂站或设备的相关信息。

设备信息包括生产厂家、出厂铭牌、技术数据、投运日期、检修次数等基本信息，还包括设备的运行工况信息和数据。根据这些厂家数据和运行工况，设备管理系统对设备进行经常性维护和定期检修，使设备处于良好状态，延长其使用寿命。

设备管理系统虽然是一个独立的应用系统，但可以通过网络通信，与其他应用共享设备信息和数据。

（2）在用电管理系统上的应用

业务报装、查表收费、负荷管理等是供电部门最为繁重的几项用电管理任务。使用 AM/FM/GIS 系统，可方便基层人员核对现场设备运行状况，及时更新配电、用电的各项信息数据。

业务报装时，可在地理图上查询有关信息数据，有效地减少现场勘测工作量，加快新用户报装的速度。

查表收费包括电能表管理和电费计费。使用 AM/FM/GIS 系统，按街道的门牌编号建立的用户档案，查询起来非常直观方便。计费系统还可根据自动抄表或人工抄表的数据，自动核算电费，打印收款通知或直接进入银行账号，还可随时调出任一用户的安装容量及历年用电量数据，进行各种分类统计和分析。

用电管理系统的另一个功能是制定各种负荷控制方案，根据变压器、线路的实际负荷，以及用户的地理位置和负荷可控情况，实现对负荷的调峰、错峰和填谷。

（3）在规划设计上的应用

配电系统中合理分割变电站负荷、馈电线路负荷调整以及增设配电变电站、开关站、联络线和馈电线路，以及配电网改造、发展规划等规划设计任务都比较烦琐，一般都由供电部门自行完成。采用地理图上所提供的设备管理和用电管理信息和数据，并与小区负荷预报的数据结合，共同构成配电网规划和设计的基础。

配网的设计计算任务较多，且与 AM/FM/GIS 系统的信息和数据密切相关，因此一般用于配网的规划设计系统，都具有与 AM/FM/GIS 系统和 AutoCAD 的接口，以便于借助 Auto-CAD 丰富的软件工具，高效率地完成各种设计计算任务。

2.AM/FM/GIS 系统在在线方面的应用

（1）反映配电网的运行状况

读取 SCADA 系统实时遥信量，通过网络拓扑着色，能直观地反映配电网实时运行状况。对于模拟量，通过动态图层进行数据的动态更新，确保数据的实时性。对于事故，可推出报警画面（含地理信息），用不同的颜色来显示故障停电的线路及停电区域，做事故记录。

（2）在线操作

可在地理接线图上直接对开关进行遥控，对设备进行各种挂牌、解牌操作。

3.AM/FM/GIS 系统在投诉电话热线中的应用

投诉热线电话也是 DMS 的一个重要组成部分，其目的是快速、准确地利用用户打来的故障投诉电话，判断发生故障的地点和故障影响范围，并根据抢修队目前所处的位置，及时地派出抢修人员，使停电时间最短。

这时，需要了解设备目前的运行状态和故障发生的地点以及抢修人员所处的位置（应是具体的地理位置，如街道名称、门牌号等），因此 AM/FM/GIS 系统提供的最新的地图信息、设备运行状态信息极为重要。

上述任务需要用 DMS 的故障定位与隔离和恢复供电两个功能来实现。调度员输入用户停电投诉电话的地点，故障定位与隔离程序根据投诉地点的多少和位置分析出故障停电范围，并排出可能的故障点顺序。然后，参照有地理图背景的单线图，用移动电话指挥现场人员准确找到故障点，并予以隔离。故障定位与隔离完成后，启动恢复供电程序，按程序指出的最优顺序尽快安全地恢复供电。

五、远程自动抄表系统

（一）概述

随着现代电子技术、通信技术以及计算机及其网络技术的飞速发展，电能计量手段和抄表方式也发生了根本的变化。电能远程自动抄表系统是一种采用通信和计算机网络技术，将安装在用户处的电能表所记录的用电量等数据通过遥测、传输汇总到营业部门，代替人工抄表及后续相关工作的自动化系统。

电能远程自动抄表系统的实现提高了用电管理的现代化水平。采用远程自动抄表系统，不仅能节约大量人力资源，更重要的是可提高抄表的准确性，减少因估计或誊写而造成账单出错，使供用电管理部门能得到及时准确的数据信息。同时，电力用户不再需要与抄表者预约抄表时间，还能迅速查询账单，因此远程自动抄表系统也深受用户的欢迎。随着电价的改革，供电部门为迅速出账，需要从用户处尽快获取更多的数据信息，如电能需量，分时电量和负荷曲线等，使用远程自动抄表系统可以方便地完成上述工作。电能远程自动抄表系统已成为配电网自动化的一个重要组成部分。

（二）远程自动抄表系统的构成

远程自动抄表系统主要包括四部分：具有自动抄表功能的电能表、抄表集中器、抄表交换机和中央信息处理机。抄表集中器是将多台电能表连接成本地网络，并将它们的用电量数据集中处理的装置，其本身具有通信功能，且含有特殊软件。当多台抄表集中器需再联网时，所采用的设备就称为抄表交换机，它可与公共数据网接口。有抄表集中器和抄表交换机可合二为一。中央信息处理机是利用公用数据网，将抄表集中器所集中的电表数据抄回并进行处理的计算机系统。

1. 电能表

电能表具有自动抄表功能，能用于远程自动抄表系统的电能表有脉冲电能表和智能电能表两大类。

（1）脉冲电能表

能够输出与转盘数成正比的脉冲串。根据其输出脉冲的方式的不同，又可分为电压型脉冲电能表和电流型脉冲电能表两种。电压型表的输出脉冲是电平信号，采用三线传输方式，传输距离较近；而电流型表的输出脉冲是电流信号，采用两线传输方式，传输距离较远。

（2）智能电能表

传输的不是脉冲信号，而是通过串行口，以编码方式进行远方通信，因而准确、可靠。按其输出接口通信方式划分，智能电能表可分为 RS-485 接口型和低压配电线载波接口型两类。RS-485 智能电能表是在原有电能表内增加了 RS-485 接口，使之能与采用 RS-485 型接口的抄表集中器交换数据；载波智能电能表则是在原有电能表内增加了载波接口，使之能通过 220V 低压配电线与抄表集中器交换数据。

（3）电能表的两种输出接口比较

输出脉冲方式可以用于感应式和电子式电能表，其技术简单，但在传输过程中，容易发生丢脉冲或多脉冲现象，而且由于不可以重新发送，当计算机因意外中断运行时，一段时间内对电能表的输出脉冲不再计数，导致计量不准。此外，输出脉冲方式电能表的功能单一，一般只能输送电能信息，难以获得最大需量、电压、电流和功率因数等数据。

串行通信接口输出方式可以将采集的多项数据，以通信规约规定的形式进行远距离传输，一次传输无效，还可以再次传输，这样抄表系统即使暂时停机也不会对其造成影响，保证了数据的可靠上传。但是串行通信方式只能用于使用微处理器的智能电子式电能表和智能机械电子式电能表，而且由于通信规约的不规范，各厂家的设备之间不便于互连。

2. 抄表集中器和抄表交换机

抄表集中器是将远程自动抄表系统中电能表的数据进行一次集中的装置。对数据进行集中后，抄表集中器再通过电力载波等方式继续上传数据。抄表集中器既能处理脉冲电能表的输出脉冲信号，也能通过 RS-485 方式继续上传数据。

抄表交换机是远程抄表系统的二次集中设备。它集结的是抄表集中器的数据，再通过公用电话网或其他方式传输到电能计费中心的计算机网络。抄表交换机不仅可通过 RS-485 或电力载波方式与各抄表集中器通信，而且也具有 RS-232、RS-485 方式或红外线通道，可与外部交换数据。

3. 电能计费中心的计算机网络

电能计费中心的计算机网络是整个自动抄表系统的管理层设备，通常由单台计算机或计算机局域网再配以相应的抄表软件组成。

（三）远程自动抄表系统的典型方案

1. 总线式远程自动抄表系统

总线式远程自动抄表系统是由电能表、抄表集中器、抄表交换机和电能计费中心组成的四级网络系统，其系统中抄表集中器通过 RS-485 网络读取智能电表数据或直接接收脉冲电能表的输出脉冲。抄表集中器与抄表交换机之间以低压配电线载波方式传输数据。抄表交换机与电能计费中心的计算机网络之间，通过公用电话网传输数据。

在总线式抄表系统中，抄表集中器还可以低压配电线载波方式读取电能表数据，抄表交换机与抄表集中器也可以采用 RS-485 网络传输数据。

远方抄取居民用户电能时，可将一个楼道内的电能表用一台抄表集中器集中，再将多台抄表集中器通过抄表交换机连接到公用电话网络进行远程自动抄表。

2. 三级网络的远程自动抄表系统

该系统中的抄表交换机和抄表集中器合二为一，它通过 RS-485 网或者低压配电线载波方式读取智能电能表数据，直接采集脉冲电能表的脉冲，然后通过公用电话网将数据送至电能计费中心的计算机网络。

3. 利用远程自动抄表防止窃电

利用远程自动抄表系统还可以及时发现窃电行为，及时地采取必要的措施。仅凭电能表本身的技术手段已经难以防范越来越高明的窃电行为。根据低压配电网的结构，合理设置抄表集中器和抄表交换机，并在区域内的适当位置用总电能表来核算各分支电能表数据的正确性，就可以较好地防范和侦查窃电行为，即针对居民用户电能表，在每条低压馈线分支前的适当位置（比如一座居民楼的进线处）安装一台抄表集中器，并在该处安装一台用于测量整条低压馈线总电能的低压馈线总电能表，该表也和抄表集中器相连。在居民小区的配电变压器处设置抄表交换机，并与安装在该处的配电区域总电能表相连。这样，当配变区域总电能表的数据明显大于该区域居民用户电能表读数之和时，在排除了电能表故障的可能性后，就可认定该区域发生了窃电行为。

Reference

参考文献

[1] 王勇，尹志勇，程兆刚 . 装备电力系统原理与应用 [M]. 哈尔滨：哈尔滨工程大学出版社，2023.

[2] 惠东，高飞，马达 . 电力储能系统安全技术与应用 [M]. 北京：机械工业出版社，2023.

[3] 张俊勃，刘云，黄钦雄 . 电力系统稳定性 [M]. 北京：科学出版社，2023.

[4] 周任军，曾祥君 . 电力系统分析 [M]. 北京：中国电力出版社，2023.

[5] 董新洲，王宾，施慎行 . 现代电力系统保护 [M]. 北京：清华大学出版社，2023.

[6] 张菁 . 电力系统继电保护原理及应用 [M]. 北京：化学工业出版社，2023.

[7] 李全意，孙帅 . 电力系统自动装置及运行 [M]. 北京：中国电力出版社，2023.

[8] 樊培琴，马林 . 建筑电气设计与施工研究 [M]. 长春：吉林科学技术出版社，2022.

[9] 梅晓莉 . 建筑设备监控系统 [M]. 重庆：重庆大学出版社，2022.

[10] 王鹏，李松良，王蕊 . 建筑设备 [M].3 版 . 北京：北京理工大学出版社，2022.

[11] 马红丽，张景扩，李培 . 建筑智能化工程项目教程 [M]. 北京：北京理工大学出版社，2022.

[12] 赵爱波 . 建筑工程与施工技术研究 [M]. 长春：吉林科学技术出版社，2022.

[13] 王文静，王存芳 . 建筑设备工程 [M]. 北京：中国建筑工业出版社，2022.

[14] 范俊成 . 电力系统自动化与施工技术管理 [M]. 长春：吉林科学技术出版社，2022.

[15] 孙秋野 . 电力系统分析 [M]. 北京：机械工业出版社，2022.

[16] 侯玉叶，梁克靖，田怀青 . 电气工程及其自动化技术 [M]. 长春：吉林科学技术出版社，
   2022.

[17] 刘春瑞，司大滨，王建强 . 电气自动化控制技术与管理研究 [M]. 长春：吉林科学技术
   出版社，2022.

[18] 曾凡琳，李吉功，黄雷 . 电力电子技术 [M]. 天津：天津大学出版社，2022.

[19] 岳涛，刘倩，张虎 . 电气工程自动化与新能源利用研究 [M]. 长春：吉林科学技术出版社，
   2022.

[20] 李云，周友初 . 建筑电气工程 [M]. 长沙：中南大学出版社，2021.

[21] 王子若 . 建筑电气智能化设计 [M]. 北京：中国计划出版社，2021.

[22] 张恒旭，王葵，石访 . 电力系统自动化 [M]. 北京：机械工业出版社，2021.

[23] 韩常仲，蔡锦韩，王荣娟 . 电气控制系统与电力自动化技术应用 [M]. 汕头：汕头大学
   出版社，2021.

[24] 郭廷舜，滕刚，王胜华 . 电气自动化工程与电力技术 [M]. 汕头：汕头大学出版社，
   2021.

[25] 穆钢 . 电力系统分析 [M]. 北京：机械工业出版社，2021.

[26] 顾丹珍，黄海涛，李晓露 . 现代电力系统分析 [M]. 北京：机械工业出版社，2021.

[27] 李岩，张瑜，徐彬 . 电气自动化管理与电网工程 [M]. 汕头：汕头大学出版社，2021.

[28] 黄頔 . 电力系统 PLC 与变频技术 [M]. 重庆：重庆大学出版社，2021.

[29] 王刚，乔冠，杨艳婷 . 建筑智能化技术与建筑电气工程 [M]. 长春：吉林科学技术出版社，
   2020.

[30] 何良宇 . 建筑电气工程与电力系统及自动化技术研究 [M]. 北京：文化发展出版社，
   2020.

[31] 李明君，董娟，陈德明 . 智能建筑电气消防工程 [M]. 重庆：重庆大学出版社，2020.

[32] 李秀珍，姜桂林，张宏军 . 建筑电气技术 [M]. 北京：机械工业出版社，2020.